U0394760

龙泉青瓷烧制技艺

龙泉青瓷烧制技艺

总主编 杨建新

浙江省非物质文化遗产代表作丛书

林志明 编著

浙江摄影出版社

总序

浙江省人民政府省长 吕祖善

中华传统文化源远流长，多姿多彩，内涵丰富，深深地影响着我们的民族精神与民族性格，润物无声地滋养着民族世代相承的文化土壤。世界发展的历程昭示我们，一个国家和地区的综合实力，不仅取决于经济、科技等“硬实力”，还取决于“文化软实力”。作为保留民族历史记忆、凝结民族智慧、传递民族情感、体现民族风格的非物质文化遗产，是一个国家和地区历史的“活”的见证，是“文化软实力”的重要方面。保护好、传承好非物质文化遗产，弘扬优秀传统文化，就是守护我们民族生生不息的薪火，就是维护我们民族共同的精神家园，对增强民族文化的吸引力、凝聚力和影响力，激发全民族文化创造活力，提升“文化软实力”，实现中华民族的伟大复兴具有重要意义。

浙江是华夏文明的重要之源，拥有特色鲜明、光辉灿烂的历史文化。据考古发掘，早在五万年前的旧石器时代，就有原始人类在这方古老的土地上活动。在漫长的历史长河中，浙江大地积淀了著名的“跨湖桥文化”、“河姆渡文化”和“良渚文化”。浙江先民在长期的生产生活中，创造了熠熠生辉、弥足珍贵的物质文化遗产，也创造了丰富多彩、绚丽多姿的非物质文化遗产。在2006年国务院公布的第一批国家级非物质文化遗产名录中，我省项目数量位居榜首，充分反映了浙江非物质文化遗产的博大精深和独特魅力，彰显了浙江深厚的文化底蕴。留存于浙江大地的众多非物质文化遗产，是千百年来浙江人民智慧的结晶，是浙江地域文化的瑰宝。保护好世代相传的浙江非物质文化遗产，并努力发扬光大，是我们这一代人共同的责任，是建设文化大省的内在要求和重要任务，对增强我省"文化软实力"，实施"创业富民、创新强省"总战略，建设惠及全省人民的小康社会意义重大。

浙江省委、省政府和全省人民历来十分重视传统文化的继承与弘扬，重视优秀非物质文化遗产的保护，并为此进行了许多富有成效的实践和探索。特别是近年来，我省认真贯彻党中央、国务院加强非物质文化遗产保护的指示精神，切实加强对非物质文化遗产保护工作的领导，制定政策法规，加大资金投入，创新保护机制，建立保护载体。全省广大文化工作者、民间老艺人，以高度的责任感，积极参与，无私奉献，做了大量的工作。通过社会各界的共同努力，抢救保护了一大批浙江的优秀非物质文化遗产。“浙江省非物质文化遗产代表作丛书”对我省列入国家级非物质文化遗产名录的项目，逐一进行编纂介绍，集中反映了我省优秀非物质文化遗产抢救保护的成果，可以说是功在当代、利在千秋。它的出版对更好地继承和弘扬我省优秀非物质文化遗产，普及非物质文化遗产知识，扩大优秀传统文化的宣传教育，进一步推进非物质文化遗产保护事业发展，增强全省人民的文化认同感和文化凝聚力，提升我省“文化软实力”，将产生积极的重要影响。

党的十七大报告指出，要重视文物和非物质文化遗产的保护，弘扬中华文化，建设中华民族共有的精神家园。保护文化遗产，既是一项刻不容缓的历史使命，更是一项长期的工作任务。我们要坚持“保护为主、抢救第一、合理利用、传承发展”的保护方针，坚持政府主导、社会参与的保护原则，加强领导，形成合力，再接再厉，再创佳绩，把我省非物质文化遗产保护事业推上新台阶，促进浙江文化大省建设，推动社会主义文化的大发展大繁荣。

2008年4月8日

总主编 杨建新

“浙江省非物质文化遗产代表作丛书”即将陆续出版了，看到多年来我们为之付出巨大心力的非物质文化遗产保护成果以这样的方式呈现在世人面前，我和我的同事们乃至全省的文化工作者都由衷地感到欣慰。

山水浙江，钟灵毓秀，物华天宝，人文荟萃。我们的家乡每一处都留存着父老乡亲的共同记忆。有生活的乐趣、故乡的情怀，有生命的故事、世代的延续，有闪光的文化碎片、古老的历史遗存。聆听老人口述那传讲了多少代的古老传说，观看那沿袭了多少年的传统表演艺术，欣赏那传承了多少辈的传统绝技绝活，参与那流传了多少个春秋的民间民俗活动，都让我深感留住文化记忆、延续民族文脉、维护精神家园的意义和价值。这些从先民们那里传承下来的非物质文化遗产，无不凝聚着劳动人民的聪明才智，无不寄托着劳动人民的情感追求，无不体现了劳动人民在长期生产生活实践中的文化创造。

然而，随着现代化浪潮的冲击，城市化步伐的加快，生活方式的嬗变，那些与我们息息相关从不曾须臾分开的文化记忆和民族传统，正在迅速地离我们远去。不少巧夺天工的传统技艺后继乏人，许多千姿百态的民俗事象濒临消失，我们的文化生态从来没有像今天那样面临岌岌可危的境况。与此同时，我们也从来没有像今天那样深切地感悟到保护非物质文化遗产，让民族的文脉得以延续，让人们的精神家园不遭损毁，是如此的迫在眉睫，刻不容缓。

正是出于这样的一种历史责任感，在省委、省政府的高度重视下，在文化部的悉心指导下，我省承担了全国非物质文化遗产保护综合试点省的重任。省文化厅从2003年起，着眼长远，统筹谋划，积极探索，勇于实践，抓点带面，分步推进，搭建平台，创设载体，干在实处，走在前列，为我省乃至全国非物质文化遗产保护工作的推进，尽到了我们的一份力量。在国务院公布的第一批国家级非物质文化遗产名录中，我省有四十四个项目入围，位居全国榜首。这是我省非物质文化遗产保护取得显著成效的一个佐证。

我省列入第一批国家级非物质文化遗产名录的项目，体现了典型性和代表性，具有重要的历史、文化、科学价值。

白蛇传传说、梁祝传说、西施传说、济公传说，演绎了中华民族对于人世间真善美的理想和追求，流传广远，动人心魄，具有永恒的价值和魅力。

昆曲、越剧、浙江西安高腔、松阳高腔、新昌调腔、宁海平调、台州乱弹、浦江乱弹、海宁皮影戏、泰顺药发木偶戏，源远流长，多姿多彩，见证了浙江是中国戏曲的故乡。

温州鼓词、绍兴平湖调、兰溪摊簧、绍兴莲花落、杭州小热昏，乡情乡音，经久难衰，散发着浓郁的故土芬芳。

舟山锣鼓、嵊州吹打、浦江板凳龙、长兴百叶龙、奉化布龙、余杭滚灯、临海黄沙狮子，欢腾喧闹，风貌独特，焕发着民间文化的活力和光彩。

东阳木雕、青田石雕、乐清黄杨木雕、乐清细纹刻纸、西泠印社金石篆刻、宁波朱金漆木雕、仙居针刺无骨花灯、硖石灯彩、嵊州竹编，匠心独具，精美绝伦，尽显浙江“百工之乡”的聪明才智。

龙泉青瓷、龙泉宝剑、张小泉剪刀、天台山干漆夹苎技艺、绍兴黄酒、富阳竹纸、湖笔，传承有序，技艺精湛，是享誉海内外的文化名片。

还有杭州胡庆余堂中药文化，百年品牌，博大精深；绍兴大禹祭典，彰显民族精神，延续华夏之魂。

上述四十四个首批国家级非物质文化遗产项目，堪称浙江传统文化的结晶，华夏文明的瑰宝。为了弘扬中华优秀传统文化，传承宝贵的非物质文化遗产，宣传抢救保护工作的重大意义，浙江省文化厅、财政厅决定编纂出版“浙江省非物质文化遗产代表作丛书”，对我省列入第一批国家级非物质文化遗产名录的四十四个项目，逐个编纂成书，一项一册，然后结为丛书，形成系列。

这套“浙江省非物质文化遗产代表作丛书”，定位于普及型的丛书。着重反映非物质文化遗产项目的历史渊源、表现形式、代表人物、典型作品、文化价值、艺术特征和民俗风情等，具有较强的知识性、可读性和权威性。丛书力求以图文并茂、通俗易懂、深入浅出的方式，展现非物质文化遗产所具有的独特魅力，体现人民群众杰出的文化创造。

我们设想，通过本丛书的编纂出版，深入挖掘浙江省非物质文化遗产代表作的丰厚底蕴，盘点浙江优秀民间文化的珍藏，梳理它们的传承脉络，再现浙江先民的生动故事。

丛书的编纂出版，既是为我省非物质文化遗产代表作树碑立传，更是对我省重要非物质文化遗产进行较为系统、深入的展示，为广大读者提供解读浙江灿烂文化的路径，增强浙江文化的知名度和辐射力。

文化的传承需要一代代后来者的文化自觉和文化认知。愿这套丛书的编纂出版，使广大读者，特别是青少年了解和掌握更多的非物质文化遗产知识，从浙江优秀的传统文化中汲取营养，感受我们民族优秀文化的独特魅力，树立传承民族优秀文化的社会责任感，投身于保护文化遗产的不朽事业。

“浙江省非物质文化遗产代表作丛书”的编纂出版，得到了省委、省政府领导的重视和关怀，各级地方党委、政府给予了大力支持；各项目所在地文化主管部门承担了具体编纂工作，财政部门给予了经费保障；参与编纂的文化工作者们为此倾注了大量心血，省非物质文化遗产保护专家委员会的专家贡献了多年的积累；浙江摄影出版社的领导和编辑人员精心地进行编审和核校；特别是从事普查工作的广大基层文化工作者和普查员们，为丛书的出版奠定了良好的基础。在此，作为总主编，我谨向为这套丛书的编纂出版付出辛勤劳动、给予热情支持的所有同志，表达由衷的谢意！

由于编纂这样内容的大型丛书，尚无现成经验可循，加之时间较紧，因而在编纂体例、风格定位、文字水准、资料收集、内容取舍、装帧设计等方面，不当和疏漏之处在所难免。诚请广大读者、各位专家不吝指正，容在以后的工作中加以完善。

我常常想，中华民族的传统文化是如此的博大精深，而生命又是如此短暂，人的一生能做的事情是有限的。当我们以谦卑和崇敬之情仰望五千年中华文化的巍峨殿堂时，我们无法抑制身为一个中国人的骄傲和作为一个文化工作者的自豪。如果能够有幸在这座恢弘的巨厦上添上一块砖一张瓦，那是我们的责任和荣耀，也是我们对先人们的告慰和对后来者的交代。保护传承好非物质文化遗产，正是这样添砖加瓦的工作，我们没有理由不为此而竭尽绵薄之力。

值此丛书出版之际，我们有充分的理由相信，有党和政府的高度重视和大力推动，有全社会的积极参与，有专家学者的聪明才智，有全体文化工作者的尽心尽力，我们伟大祖国民族民间文化的巨厦一定会更加气势磅礴，高耸云天！

2008年4月8日

（作者为浙江省文化厅厅长、浙江省非物质文化遗产保护工作领导小组组长）

目录

序言 // PREFACE

综观中国陶瓷发展史，从商周原始瓷闪耀出瓷器文明曙光开始，我们祖先在制陶之路上足足走过了一万余年，之后又用了一千多年，才于东汉晚期在浙江曹娥江中游地区烧制出成熟的青瓷。瓷器的发明，是浙江先人对人类文明作出的最为伟大的贡献，此后几百年里，青瓷几乎一统天下，直到隋唐时期北方白釉瓷烧制成功，才打破了这一格局，形成了中国陶瓷史上南青北白的两大体系。唐五代时期，形成了著名的越窑系。宋代，中国陶瓷进入了百花争艳的发展时期，先辈们用智慧和勤劳的双手谱写了中国乃至世界陶瓷史上的光辉篇章。在这个名窑迭出的时期，中国陶瓷形成了汝、官、哥、钧、定五大名窑和龙泉窑、耀州窑、钧窑、定窑、景德镇窑、磁州窑、吉州窑、建窑等八大瓷窑体系，如群星璀璨，闪耀着夺目的光彩。然而，岁月流转，朝代更迭，这些名窑、名瓷随着时代的变迁而相继退出历史的舞台。

龙泉窑也不例外，同样经历了创烧、发展、鼎盛、衰落四个过程。当我们手捧古瓷，凝望着北宋龙泉窑与自然界融为一体的青碧釉和自然流畅的刻划花，南宋龙泉窑真玉般的粉青、梅子青厚釉和造型端庄、制作精美、胎薄如纸、黑胎开片的哥窑器的时候，会被强烈地震撼，深为古代窑工精湛的制瓷技艺所折服。而明晚期至清的龙泉青瓷，质次而粗陋，毫无美感可言，与宋元鼎盛时期的产品相去甚远，让人深为惋惜。

时代文化和市场需求决定了烧制技艺和产品风格。悠悠千年岁月，制瓷技艺在传承过程中，有的继承发展了，有的则湮没在历史的长河中。作为有逾千年历史，且把青瓷烧制推向顶峰的龙泉窑如今依然闪耀着夺目的光彩，2006年龙泉青瓷烧制技艺进入首批国家级非物质文化遗产名录。浙江省文化厅非常重视，组织出版“浙江省非物质文化遗产代表作丛书”，《龙泉青瓷烧制技艺》列入2009年的出版项目，这为古代龙泉青瓷烧制技艺的进一步发掘、恢复、保护，进一步提高现代青瓷烧制技艺提供了一个契机。

当接受龙泉市文化广电新闻出版局交给的撰写任务时，我既兴奋又惶恐。为弘扬家乡青瓷文化和古今制瓷匠师们的精湛技艺尽微薄之力，是一大夙愿，但要解读这千古名窑又绝非易事。幸运的是，还有几个毕生从事烧窑、制瓷的年近八旬的老窑工健在，他们传承了龙泉青瓷古老的烧制技艺。通过采访老窑工、工艺美术大师，参考专家、学者的窑址发掘研究成果，结合自己十余年考察窑址的心得，艰难秉笔，谬误之处在所难免，敬请读者不吝赐教。

林志明

龙泉

龙泉窑的历史

龙泉窑创烧于唐五代（窑业历史可以追溯到更早），发展于北宋，兴盛于宋元，衰萎于明晚期，延续至清末，民国至新中国成立初期，还有一批工匠在仿烧宋、元瓷器，气脉逾千年而未断，是举世闻名的历史名窑。其烧制时间之长，窑场分布范围之广，产量及出口量之大，在历史上是绝无仅有的。

龙泉窑的历史

龙泉窑创烧于唐五代时期（窑业历史可以追溯至更早），发展于北宋，兴盛于宋元，衰萎于明晚期，延续至清末，民国至新中国成立初期，还有一批工匠在仿烧宋元瓷器，气脉逾千年而未断，是举世闻名的历史名窑。其烧制时间之长，窑场分布范围之广，产量及出口量之大，在历史上是绝无仅有的。

龙泉窑的创烧年代，学术界至今仍未完全统一认识。20世纪70

全国重点文物保护单位、龙泉窑的心脏——大窑

年代以来，在丽水、遂昌、松阳等地陆续发现的一批三国、晋代墓葬中出土的青瓷，这些青瓷器与越窑、婺州窑有些差别，具有自己的特色，虽未找到窑址，但应该是当地烧造的，因而朱伯谦先生认为三国、晋代可看成是龙泉窑的创烧年代。有的学者根据丽水境内发现烧制年代最早的丽水城西吕步坑两处南朝至唐代的窑址，认为龙泉窑的创烧年代应为南朝。因龙泉查田镇出土了鸡首壶等一组古瓷，而鸡首壶可明确为产生于晋代，有人认为龙泉窑的创烧年代可定于晋代。陈万里先生和邓白教授则认为是五代时期。大多数专家认为北宋时期龙泉青瓷才形成了特有的体系，创烧年代应定在北宋早期。

窑业与窑系的概念是不同的，一个地方制瓷的最早年代和终烧

大窑金村窑窑址

年代与窑系的创烧和下限年代不一定相同。从窑址调查情况看，龙泉境内发现的窑址中，年代最早的是唐中早期的庆元黄坛窑（唐至北宋时期，庆元未建县，属龙泉管辖）。其次是在安福挖掘的一处窑址，从产品风格看应是唐中晚期。2001年，一农民在金村大窑犇发现了有“天福秋修建窑炉试烧官物大吉”铭文的四系罐残件，证明金村产的淡青釉瓷器年代至迟为五代，其中光素无纹产品的年代可能为晚唐。许多专家学者认为龙泉窑的淡青釉瓷器似婺非婺、似越非越、似瓯非瓯，正说明了龙泉窑此时形成了自己特有的风格，因此，龙泉窑的创烧年代可定在晚唐至五代。由于有较多清末纪年青瓷出现，龙泉窑烧制年代的下限可定于清末。用统一的“窑系”概念去界定诸历史名窑的烧制时间，龙泉窑生产延续时间最长。

迄今为止，全国发现属于龙泉窑系的窑址达六百余处，浙江省境内分布在龙泉、庆元、云和、景宁、遂昌、松阳、丽水、缙云、青田、武义、永嘉、文成、泰顺。龙泉境内有366处（2008年文物普查时又发现了几十处，窑址总数将近400处），若以城区为中心，其西南方向有145处，向东方向有221处；从瓷器的质量看，西南区明显优于东区，尤以大窑所产为最。福建省亦有不少窑址，分布在松溪、浦城、莆田、仙游。江西省有吉州、洪州、弋阳、乐平等地。广东省烧制青瓷的范围最广，有窑址53处。湖南省、湖北省也有一些窑场。值得一提的是，埃及、日本、韩国、伊朗、印度尼西亚、泰国、越南等国都有

五代秘色瓷及两宋出口瓷生产基地——金村

仿烧龙泉宋、元青瓷的窑址。据历年窑址调查数据显示，龙泉窑在五代至北宋早期有窑址26处，北宋中晚期至南宋早期有242处，南宋中晚期至元有330处，元末明初有280处，明中早期有223处，明晚期有160余处，清中早期有70余处，清晚期有11处，民国时期有20处。

宋、元、明三代，龙泉青瓷远销到东南亚、欧洲、非洲等五十多个国家和地区。在广东省阳江市海陵岛附近海域打捞出的“南海一号”沉船上，发现有大量的龙泉窑南宋早期的刻划花瓷器。1976年，韩国从全罗南道新安海底元代沉船打捞的瓷器有16792件，其中龙泉青瓷就有9639件，此外，青白瓷4813件、黑釉瓷371件、杂釉瓷1789件、白釉瓷180件，可见龙泉窑在当时的产量首屈一指。也正因

为瓷器的大量出口，世界各地对中国的称呼从支那、支尼（丝绸之国）变成了China（瓷器之国）。

从金村大窑犇出土的有“天福秋修建窑炉试烧官物大吉”铭文的四系罐残件，印证了宋庄绰《鸡肋编》中“处州龙泉县……又出青瓷器，谓之秘色，钱氏所贡，盖取于此”记载的可靠性，说明早在五代天福年间，吴越钱氏王朝就在龙泉开辟了秘色瓷生产的新基地，以满足其大量贡奉中原朝廷，开展瓷器外交的需要。

龙泉窑北宋至南宋早期的大写意刻划花，刀法犀利、老辣、娴熟，构图自然随意又不失严谨，达到了空前绝后的水平。就龙泉窑而言，前期淡青釉瓷器的细线划花和元明盛行的刻划花都无法与之比拟，现代的高仿产品，刀法稚嫩，构图僵化，更是相形见绌。龙泉窑北宋至南宋早期刻划花产品中的精品，其美学价值毫不逊色于南宋鼎盛期的粉青、梅子青厚釉制品，是古代窑工留给我们的一份珍贵的文化遗产。

龙泉哥窑，以其制作精细、釉色莹润、黑胎开片著称，宋中晚期就“为世所珍”，元明时已脍炙人口，宋以降历代的许多藏家、文人对哥窑津津乐道，多有记载。历代朝廷对哥窑推崇备至，元大都遗址有龙泉黑胎开片瓷出土，证明哥窑得到了元宫廷的青睐；明代有仁宗复陶哥窑之说，明宣德三年（1428年）为宫廷编制的藏器目录《宣德鼎彝谱》中有“内库所藏，柴、汝、官、哥、钧、定”的记载，确立了哥窑乃宋五大名窑之一的地位（柴窑为五代官窑或贡窑），成化年间有少量仿制；清御窑厂在雍正朝开始仿哥窑，唐英《陶成纪事碑》记有“仿铁骨哥釉”条；从元至民国，民间亦一直在仿制。

龙泉哥窑的完整器、残件乃至碎片，无不体现了严谨的造型工艺和极其精湛的制瓷技艺及对瓷器制作不惜工本的极致追求，同时也体现了窑工们的创新思想。制瓷上出现了四项新工艺，一是为防止高温下圈足积釉，同时又保证圈足精巧，首创双层台圈足的修足方式；二是为使釉面达到真玉效果，首创多次施釉法；三是由于哥瓷胎薄，模制时为减少坯与模的黏附力，利于脱模，首创垫纱布模制法；四是为防止高温下器物变形，保证釉面整洁及受热均匀，首创采用“盖饼+垫碗+匣钵”的装烧方法（其他著名窑口从未发现制作如此精美的垫碗，以至于有的日本学者把垫碗认为是一种日用器物）。虽然哥窑仍是学术界的一大悬案，但存在龙泉哥窑已是不争的事实。笔者认为，有充分的理由说明，龙泉哥窑中的厚釉产品符合南宋叶寘《坦斋笔衡》对内窑“澄泥为范，釉色莹澈，为世所珍”的描述，其中所记而又未指明地点的“内窑”，即今人所称的修内司官窑。宋庄绰《鸡肋编》中关于龙泉窑还有“宣和中，禁廷制样须索，益加工巧”的记载，说明很可能早期龙泉哥窑是北宋官窑或贡窑之一，因为此时朝廷的制样是《宣和博古图》，龙泉哥窑中有一些器形与汝官窑相同是一佐证，而后期的哥窑是根据《绍兴制造彝器图》制作的。

哥窑的自然开片，后人从审美角度看是开辟了陶瓷美学新天地，但从实用角度看则是工艺缺陷，大大影响了其实用性。另一方面，胎黑对釉面呈色影响很大，纯正的粉青、梅子青釉比例低。于是龙泉窑工把黑胎改为灰白胎、白胎，终于产生了更为精美的粉青、梅子青厚釉，其中胎釉结合完美且釉面无裂纹的产品成为青瓷制瓷史上无与伦比的顶级产品，这就是后人称道的弟窑或弟窑型产品。白胎厚釉青瓷终于以其独特的优势取代了黑胎青瓷，南宋中后期，皇宫内院、达官显贵使用的青瓷几乎全部来自龙泉。

南宋的哥窑和弟窑型产品，是造型艺术的高峰、制作工艺的高

宋代哥窑遗址——溪口瓦窑垟

峰和追求釉面类玉效果的高峰，这三大艺术成就是矗立于青瓷烧造历史（自商周原始青瓷始）悠悠三千年岁月长河中的三座丰碑！

元代龙泉青瓷的装饰技法及纹饰达到了登峰造极的程度。尤其是精美绝伦的楼宇式谷仓、佛龛、佛像类青瓷，较之南宋有过之而无不及。出口量之大，前所未有，不仅为国家在世界各地换回了巨额财富，也使龙泉成为当时的世界瓷都而名扬天下。龙泉窑也因宋元时期的鼎盛辉煌而在历史时空中闪耀着熠熠光彩。

《大明会典》和《明实录》记载了明朝廷在洪武和成化朝于龙泉烧造过宫廷用瓷。对枫洞岩元、明窑址的考古发掘及笔者对其他窑址的调查，证实了明中早期龙泉窑确实生产了一批精美的宫廷用

元代出口瓷生产基地——安仁口

枫洞岩窑址发掘

瓷，进一步的考古发掘将会证实龙泉存在明代官窑。

岁月流转，潮起潮落。随着景德镇窑业不可阻挡的兴盛和人们审美观的转变及晚清至民国时期的兵荒马乱、连年战火，龙泉窑从明后期开始衰落，至新中国成立初期已奄奄一息。

1957年，周恩来总理为挽救中华瑰宝，向有关部门作出“要恢复祖国历史名窑生产，首先要恢复龙泉窑和汝窑”的指示，龙泉窑再次得到政府的重视。周恩来总理的指示至今已过去五十余年，半个世纪以来，龙泉的陶人在各级政府、科研单位、大专院校的关心、支持和指导下，发扬古代窑工“朝夕于斯，孜孜不倦”的探究精神，树立“追步哥窑，媲美章生”的雄心壮志，经历了种种艰难曲折，终于使龙泉青瓷得以振兴，重放异彩，许多方面达到甚至超过了宋元时期。

国营龙泉瓷厂旧址

如今，龙泉青瓷有130多个作坊、厂家，从业人员两千余名，产值两个多亿。产品种类琳琅满目，百花争艳。质量不断提高，久违的具有南宋风格和真玉釉面的青瓷出现了，吸引了藏家的目光，拍卖场上，大师们的作品价格连创新高。更为可喜的是，青瓷业界已拥有四位国家级大师和九位省级大师及一批后起之秀，青瓷烧制技艺得以永续相传。

随着占地五百余亩，集大师园、国际陶艺村、会展中心、公私博物馆群、古代工艺展示、浙西南艺术品商贸中心、陶瓷始祖庙于一体的中国龙泉青瓷文化园和规划用地两千余亩的青瓷工业园的建立，以及对外文化交流的开展，必将能实现 “中兴龙泉青瓷”的战略目标，再创一个辉煌的青瓷新时代！

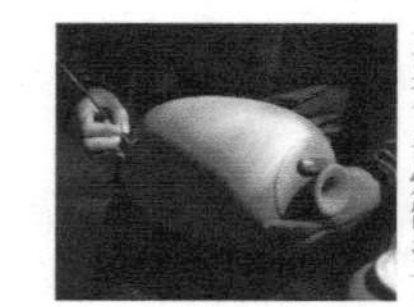

龙泉青瓷宝剑苑

龍泉青瓷冰裂紋

龙泉

龙泉青瓷的烧制

青瓷烧制技艺包括窑炉、窑具、原料的选用与加工、成型、修坯、装饰、素烧、施釉、装匣、装窑、烧成等制作工序和操作技术。

龙泉青瓷的烧制

新石器时代晚期硬纹陶和商周原始瓷的出现，标志着我国从陶器向瓷器过渡的开始和完成。原始瓷即原始青瓷，属于瓷的范畴，但与成熟青瓷相比尚有一定的距离，如釉薄而粗糙，不光滑，与胎结合不紧密，易剥落等。直至东汉晚期，才在浙江上虞的曹娥江中游地区烧制出了成熟的青瓷。陶与瓷的区别见下表：

类别 特性、因素	陶	瓷
原料	砂泥或泥	黏土或瓷石+高岭土（南方）， 长石+高岭土（北方）
平均烧成温度	920℃	1240℃
釉	无釉或施陶衣	施高温釉
吸水率	8%～10%	很低，几乎不吸水
声音	叩之喑哑	叩之发出清脆铿锵的金属声
胎	较疏松	致密坚硬

从陶到瓷的发明，是陶瓷烧制技艺的重大突破，表现在三个方面：一是化学组成的改进和原料的变化；二是窑炉的建立得以极大

地提高烧成温度；三是釉的发明和使用。之后几千年的陶瓷发展史，无不是主要从这三方面入手改进技艺来提高瓷器的烧制质量。

唐代，制瓷中心转移到慈溪的上林湖，形成了著名的越窑系，烧制出当时独步天下并为之后历代帝王和藏家所津津乐道的秘色瓷。通过对越窑秘色瓷和龙泉窑粉青釉的分光反射率研究表明，尽管唐代诗人陆龟蒙和徐夤用最美的诗句来赞美越窑秘色瓷，但与后来兴起的龙泉窑青釉相比仍有一定的距离。由于越窑青釉瓷未能使用新的制瓷原料，也没有改进胎釉配方，提高烧成温度，加强还原气氛，致使越窑青瓷质量很难与龙泉青瓷媲美，最终被龙泉窑所取代。虽然越窑的衰落还有其他方面的原因，但烧制技艺落后而未进行创新是主要原因。龙泉窑之所以能把青瓷烧制质量推向历史顶峰，一是有得天独厚的优质瓷土资源，再就是烧制技艺的提高。

青瓷烧制技艺包括窑炉、窑具、原料的选用与加工、成型、修坯、装饰、素烧、施釉、装匣、装窑、烧成等制作工序和操作技术。

龙泉青瓷烧制技艺看似简单，因为要烧制出青瓷并非难事，但要烧制出高品质青瓷又绝非易事。宋应星《天工开物·陶埏》篇开宗明义指出：“水火既济而土合。”因此，青瓷与其他陶瓷一样，是水、火、土的技术与艺术的结合，需优质的原料、高超的制瓷技艺和烧成技术，同时还需天时、地利、人和，诸多因素缺一不可。龙泉古代窑工在实践中不断总结经验，不断创新，从创烧到鼎盛期，各个时期都有独特的、先进的烧制技艺，烧制出了高品质青瓷，推动全国其他地区乃至周边国家的青瓷生产，从而形成了庞大的龙泉窑系。

[壹]龙泉青瓷的窑炉和窑具

一、窑炉分类

窑炉简称“窑”，陶瓷器制作的最后一道工序就是放在窑中烧成。按形制分，古代陶窑有横穴窑和竖穴窑，瓷窑有馒头窑、龙窑、阶级窑、蛋形窑、葫芦窑等；按火焰走向分，有直焰窑、倒焰窑、半倒焰窑、平焰窑等。现代窑炉有梭式窑和隧道窑等。

燃气梭式窑

二、龙窑

用砖坯、砖、废匣钵依倾斜的山坡建成，因形如龙身而得名，是南方地区流行的烧制陶瓷器的窑炉形制。龙窑出现于商代，

天丰陶瓷有限公司的隧道窑

上虞李家山发掘的一座保存较好的龙窑遗迹，全长5.1米，倾斜度为16度，建筑简陋，结构简单。三国时期已超过10米，隋唐时期龙窑结构完全成熟，长度在20米至30米之间。宋元时期长度显著增加。南宋龙泉龙窑长度多数在50米至60米之间，最长的达80米。此时最长的龙窑是福建建阳水吉镇芦花坪烧黑釉建盏的龙窑，斜长135.6米。元代龙泉龙窑长度普遍缩短，多数在40米左右，但也有比宋代还长的，如道太乡源口龙窑长97米，是当时最长的龙窑。时至今日，龙泉只剩一座龙窑在烧青瓷。龙窑建筑方便、装烧量大、产量高、升温快、容易获得还原气氛，适合于烧石灰釉和石灰碱釉瓷器，所以有人称龙窑是青瓷的摇篮。

枫洞岩元明时期龙窑

宝溪民国时期龙窑

龙窑由窑头、窑室、窑门、火膛、投柴孔、窑尾排烟孔等组成。晚清龙窑明显缩短，抽力不够，在窑尾建烟囱代替排烟孔以增大抽力。元以前的为平焰窑，火焰在窑室内沿匣钵排列留下的火路一直往窑尾方向蹿。元末明初开始出现分室龙窑，与龙窑的差别是把龙窑内直通的窑室用匣钵和砖分隔成多个小窑室，即每隔5米至6米筑两堵墙，前墙上部向前弧收与窑顶相连，有利于火焰倒流，下部有吸火孔。后墙不到窑顶，使火焰翻越而过。这样，火焰从火膛直喷至隔墙，上蹿倒焰，再次流经瓷坯，经

清代龙窑曾芹记古窑坊

窑头

投柴孔

窑尾

下部吸火孔进入两堵隔墙之间，翻越第二堵墙进入下一室。其优点是将火焰由平焰变为倒焰，使窑室内温度与还原气氛更加均衡，烧成后青釉比例大为提高，同时，也是烧制大器物的需要。从窑址考察情况看，南宋的青釉比例高于北宋，元明的青釉比例高于南宋。

三、考古发掘的两座古代龙窑

1960年1月至3月，由朱伯谦先生带队的考古工作组在大窑发掘龙窑七座，探沟十一条，总面积627平方米。其中龙窑六座、分室龙窑一座。根据朱伯谦先生的发掘报告，

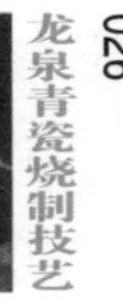

水碓

龙窑多是半地下式建筑，即把窑室的下部建在地面以下。建窑时先挖一条长条形土坑，深约50厘米，然后铺底砌墙。窑墙下部紧靠土坑壁砌筑，使之牢固并减少热量散发，节省燃料。窑墙主要用残匣钵砌成，也有用砖或利用土坑壁作墙。七座龙窑平均宽度2.18米。

1. 编号为Y_2的龙窑位于杉树连山，是南宋时期的龙窑遗址。两头已破坏，残长46.5米、宽2.5米至2.58米。窑顶已塌，从窑壁高74厘米处开始起券的形迹看，顶作圆拱形，内高约1.7米。拱顶用砖砌成，下部主要用匣钵，也有利用窑壁和砖砌的。窑门共九个，宽45厘米至63厘米，大多数开在东南壁，上、下的通道和装窑、出窑都在这一边。西北壁只在接近烟囱处开窑门一个。窑底共三层，都呈斜形不分

窑室

窑门

级，每层厚7厘米至15厘米，下层原土夯实做底，上铺红色黏土，上层铺石英等砂粒，以保护窑底和放置底层匣钵。当上层窑底上的砂粒烧至黏结成块后，就需铺底换砂。窑身自中段以后逐渐向北弯曲。倾斜度以中后段为大，首尾高差11.65米。

据有经验的老窑工估计，这类由匣钵筑成的窑，使用二十年左右，必须补墙换底，大修一次。窑底上留有底层匣钵，匣钵放置中段的较大，前后段大小间隔，即每隔四排小匣钵再放一排大匣钵。

2．编号Y_6的为分室龙窑。 位于牛头颈山上，从出土的瓷片看，为元末明初的产品（笔者认为这些瓷片中的精品都为明早期精品瓷，风格与枫洞岩窑址的产品相同）。

该窑破坏严重，仅存尾部两室和一个排烟孔，残长10.88米。窑顶已塌，壁残高0.57米至1.18米，先铺平砖层，上砌匣钵。后室长5.4米，壁面烧结层较薄，东壁有窑门两个，宽56厘米和60厘米。前室残长3.30米，壁面烧结层甚厚。由此可知两室烧成温度相差很大（很有可能后室是窑尾，温度低，未装窑烧过）。前室与后室之间，后室与排烟孔之间，各有墙两堵，间距13厘米至20厘米，前墙下部有烟火弄（即吸火孔）七个，全用耐火砖砌成，其中窑边两个比较宽大，高30厘米至48厘米、宽13厘米至30厘米、深20厘米。其作用是加大火焰流量，避免窑底两边温度不高。墙的上部前俯，用口径21厘米的匣钵砌成，外涂黏土一层，表面平整，顶部呈半圆形。后墙残高0.67米至1.12米，墙身较宽，全用残破的大型匣钵叠砌而成，底部没有烟火弄。后墙前面也用黏土涂抹平整，有利于火焰翻越，后面则参差不齐。排烟孔狭窄，呈长条形，南北宽仅30厘米，底为黏砂底，呈红色，后壁用匣钵砌成，残高25厘米至58厘米，壁外堆黏土。

四、匣钵

瓷器焙烧时置放坯件并对坯件起保护作用的匣状窑具，常见的有平底的筒形和漏斗形，用耐火黏土制成。坯件装在匣钵里焙烧，避免了烟火与坯件直接接触和窑顶落渣等侵扰，使坯件受热均匀，

匣钵

粗垫饼

精细垫饼

釉面洁净，提高了产品质量。匣钵耐高温，胎体结实，承重能力强，层层叠摞，不易倒塌，因而可以充分利用窑内空间，增加装烧量。质量好的匣钵可用26次至28次，质量差的用七八次就会变形。

五、泥饼

用一团粗黏土按压成型，制作粗糙，垫在器物圈足内或圈足下，使器底与匣钵隔开。唐至北宋，多用泥点垫烧，两宋之交时泥点和泥饼都有应用。

六、垫饼

陶瓷器焙烧时器物与匣钵之间起间隔作用的窑具。以胎土制成，使热胀冷缩率与器物足部一致，呈圆饼状，制作规整，瓷质，直径一般大于所承托器物的足径，大的垫饼有30余厘米。

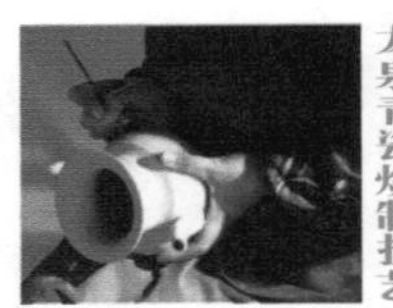

七、垫碗

龙泉窑南宋时特有的窑具，制作精细，有的无异于器物。烧黑胎瓷用黑胎土制作，烧白胎瓷用白胎土制作。如折唇洗、小碗、小杯放在平底垫碗中，然后再装入匣钵，这样，匣钵和垫碗双保险可防止落渣、落砂溅到器壁上影响美观。很可能是用于官窑器的烧造。

八、垫片

扁薄的垫饼称为“垫片”。南宋的垫饼很薄，实际上就可称垫片。如垫烧高10厘米、口径13厘米的吐盂，垫饼直径10厘米，厚不足3毫米。许多有紫口的把杯和小碗，极少数紫口是由于口沿釉薄被二次氧化形成的，绝大多数是为了在小器物上叠烧另一件小器物用垫片或半圆形的

平底垫碗

圆底垫碗

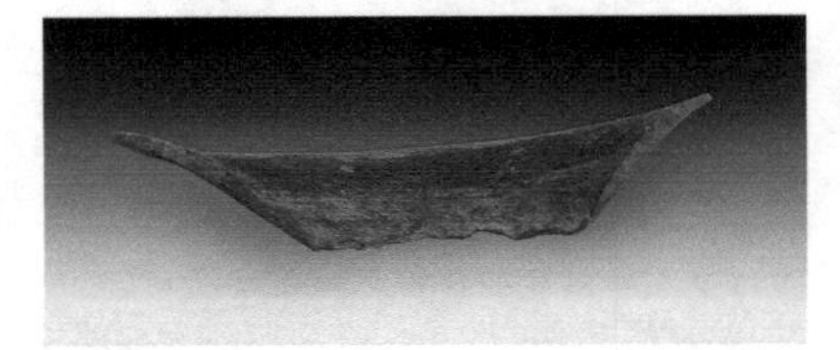

喇叭形垫碗

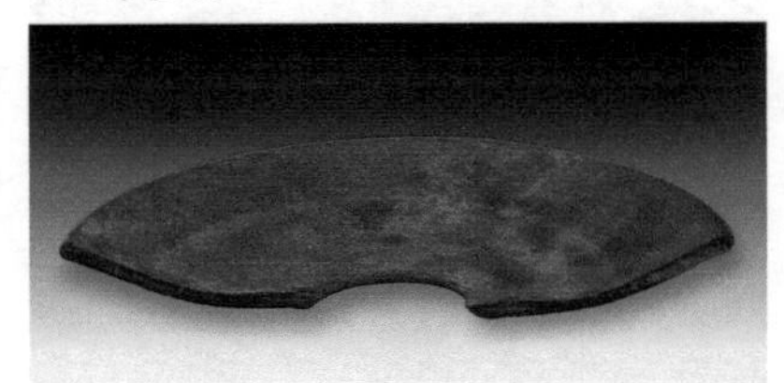

镂孔盘形垫片

薄垫碗垫烧，需口沿露胎而形成紫口（或呈黑色的铁口）。

九、套筒

无底的匣钵称“套筒”。烧制大瓶、大壶时，没有如此高的匣钵，即使有这么高的匣钵装匣也不方便，需用套筒。

十、垫圈

托烧具用，圆形，直口修成薄刀口，直径小于圈足。器物过釉后，外底刮出涩圈，用垫圈托烧，偶尔发现有满釉托烧。优点是器物圈足裹釉，使用时不会磨损家具；缺点是外底不大美观。元中后期至明多采用垫圈托烧，可作为断代依据之一。

十一、支钉

支烧具，用耐火黏土或胎土制成。支钉出现于宋代，在大窑和溪口都有发现，其他窑

垫圈

筒形支钉

饼形支钉

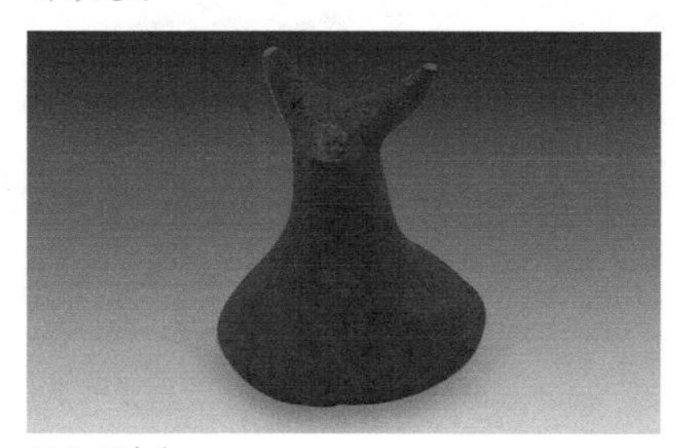

三叉形支钉

场不曾发现。龙泉窑的支钉有三钉至十二钉，单双数均有。形状有圆饼形、圆筒形和网叉形支钉，钉尖细如针尖，俗称“芝麻钉”。

火照

十二、火照

陶瓷器焙烧时判断窑内温度火候的窑具，以胎土制成，中间镂一圆孔，施釉。使用时，将其置于窑内从观火孔可以看到的位置，需验火时用铁钩将其钩出。每烧一室要验火多次，每验一次，就钩出一个，可及时掌握窑内温度和气氛的变化，并判断决定是否可以开间（一室烧结束移至另一室烧称“开间”，龙泉窑工特有的专业用语）。

垫柱

十三、垫柱

龙泉窑的垫柱一般用于支

垫柱支顶匣钵

顶底层匣钵，以通火路。

[贰]龙泉青瓷的原料

一、原料

龙泉及周边县市有极为丰富的制瓷原料，西南区的大窑、溪口、金村，西区的上垟、宝溪的瓷土和紫金土制成的釉尤为优质。明人陆容的《菽园杂记》中记载了龙泉青瓷的制作方法，现摘录于下：

> 青瓷，初出刘田，去县六十里，次则有金村窑，与刘田相去五里余，外则白雁、梧桐、安仁、安福、绿绕等处皆有之。然泥油精细，模范端巧，俱不如刘田。泥则取于窑之近地，其他处皆不及。油则取于诸山中，蓄木叶烧炼成灰，并白石末澄取细者，合而为油。大率取泥贵细，合油贵精。匠作先以钧运成器，或模范作形，俟泥干则蘸油涂饰，用泥筒盛之，置诸窑内，端正排定，以柴筱日夜烧变，候火色红焰，无烟，即以泥封闭火门，火气绝而后启。凡绿豆色莹净无瑕者为上，生菜色者次之。然上等价高，皆转货他处，县官未尝见也。

这是有关龙泉青瓷文献中最为详细而有价值的文献资料，有人认为陆容引用了宋嘉定二年何澹所著之《龙泉县志》，虽尚存争议，但至少我们了解了明或明以前龙泉的制瓷情况。我们从中可以知道：(1) 龙泉古代最著名的窑场是刘田，即琉田，现称大窑，其他地方无论造型、制作的精细程度，还是釉色和原料，都不如刘田。（2）“油”即釉，取自诸山中的白石末（即石灰石和瓷石），经粉碎、淘洗，和木叶灰合而为油（釉）。但作者未记釉中要加紫金土，可能作者不知道，因为龙泉历代制釉配方都是保密的，至今如此。（3）钧即辘轳，指陶车，制作以轮制拉坯成型或模制成型。（4）坯干后用涂釉法施釉，然后装匣装窑，用柴烧成。

龙泉青瓷制釉的原料主要有以下六种：

1. 黏土。 一种含水铝硅酸盐矿物，由长石类岩石经过长期风化与地质作用而生成。主要成分为二氧化硅、氧化铝和结晶水，同时含有少量碱金属和碱土金属氧化物和着色氧化物等。龙泉的黏土

瓷石

石英

瓷土矿

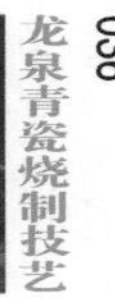

紫金土

紫金土矿

属原生硬质黏土类，其中含有大量石英和一定量的高岭土矿物。

2. 瓷石。 一种由石英、绢云母组成，并含有若干长石、高岭土等的岩石状矿物。呈致密块状，外观为白色、灰白色、黄白色和灰绿色。有的呈玻璃光泽，有的呈土状光泽。龙泉的瓷石主要含有大量石英和一定量的高岭土以及绢云母矿物。

3. 瓷土。 由高岭土、长石、石英等组成，主要成分为二氧化硅

石灰石

和氧化铝，并含有少量的氧化铁、氧化钛、氧化钙、氧化镁、氧化钾和氧化钠等。

4. 紫金土。 主要由长石、石英、含铁云母及其他含铁杂质矿物组成，含铁量一般为3%至5%，高者可达15%左右，制青釉和黑胎必配的原料。大窑高际头和上垟木岱紫金土中氧化钛含量低，而大窑黄连坑和宝溪紫金土含钛量较高，达2%，与杭州郊坛下窑紫金土含钛量相同。含钛量高的紫金土制黑胎，胎骨较硬；用于制釉，含钛量高可使釉发黄。当今的米黄釉，就是在釉中加了适量的氧化钛。

5. 石灰石。 主要成分为碳酸钙。龙泉境内无优质石灰石，以前用福建浦城的石灰石，现在用庆元县隆宫的石灰石。

6. 植物灰。 有记载用得较多的是谷壳灰、凤尾草（一种蕨类植物，龙泉俗称“郎衣”，山上大量生长）灰、竹灰。《菽园杂记》中

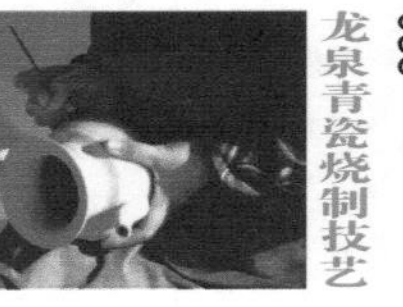

凤尾草(俗称郎衣)

记载的“蓄木叶烧炼成灰”，尚不知是何种植物，当不是指凤尾草和竹烧成的灰。根据实验，各种植物灰制成的釉发色不一样，凤尾草灰和竹灰发色较绿。

二、粉碎

古代利用水力资源推动木制水轮，带动装有成排石杵的轴承，日夜不停地舂碎碓中的瓷石，这套设备龙泉当地称“水碓”。现在许多作坊为节约成本，还在使用水碓，也有用电碓，大量生产用球磨机。碓出的原料细颗粒呈不规则的几何形状，制成的釉烧成后玉质感强，球磨出的原料颗粒无棱角，制成的釉不如碓出的原料。

三、淘洗

依山势或在平地，按高低顺序排列，用砖砌淘洗池两个，沉淀池

水碓舂碎

机械粉碎

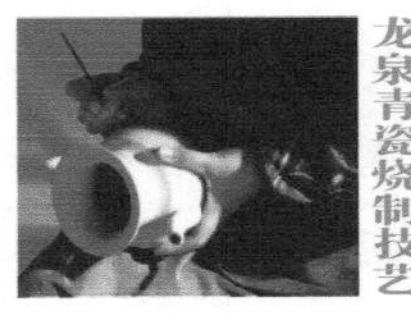

淘洗

一个。将粉碎的瓷土放入高池中，加水不断冲洗搅拌，料浆通过池边的筛孔滤去粗颗粒后进入较低的淘洗池，一般经两次淘洗即可，然后料浆进入最低沉淀池自然沉淀。一般100斤瓷石或瓷土可制料60斤至70斤。古人制乌釉时，将谷壳或凤尾草和生石灰拌匀堆烧后，经粉碎，然后淘洗。水与生石灰发生化学反应后变成熟石灰，同时放出大量的热会使水沸腾，这与油炸食物过程很相像。龙泉人称油炸过程为“飞”，炸油条称为飞油条。因此，古人称这种淘洗方法为“飞”，即用水飞过。

四、压滤

经淘洗后的瓷土需用压滤设备挤干水分，民间用布袋叠摆置于木架内，上盖木板，木板上压石块；大规模生产用压滤机。

五、陈腐

制好的坯料在保温的情况下放置一段时间叫“陈腐”，一般需

陈腐

半年至一年的时间。从理论上说，时间越长越好，有利于坯料的氧化和水解反应，从而改善泥性，提高坯料的韧性。

六、练泥

将陈腐过的坯料反复翻打、踏练、挤压，以排出泥中的空气，增加可塑性，胎也更为致密。

七、配料

各个瓷土矿的成分及含量不尽相同，有的相差很大，有时需几个地方的瓷土混合后制料，效果更好。黑胎单独用紫金土承受不了高温，需加入部分瓷土，甚至还需加入适量的废弃匣钵、垫饼等熟料磨成的粉，以提高烧成过程中温度的承受力，胎骨也较硬。

八、制釉

釉是青瓷之魂。器形美观，制作精细。若釉的品质不高，则有形无魂，不能动人。品质高的釉要发色纯正，莹润如玉。因此，古今匠师们在制釉上可谓费尽心机，且相互保密。赖自强老人已经八十岁，是民国后期著名的烧窑师傅，1957年7月开始任国营龙泉瓷器总厂技术科长，直到1986年退休。他的一番话值得深思："当时釉配方研制小组集中了国内著名的硅酸盐专家和民国时期优秀的仿古艺人，以配制南宋粉青、梅子青釉为目标，做了数万个（四万多个）配方实验，可用的四千余个，但无论从外观还是实验测定数据与宋釉比都有距离，当时下的结论是接近宋釉。很可能，宋釉的配方已失传了。"原因无非有以下几方面：一是最优质的釉土和紫金土用完了。但这似乎不可能，因为高品质的粉青和梅子青釉到元代就开始消失了，只有极少量的类粉青和类梅子青釉；二是有秘方，其配方至今未摸索出来，如加了某种或某几种植物灰；三是南宋厚釉是烧宫廷用瓷的结果，朝廷有可能从外地运来了龙泉没有的原料。

现代制釉作坊一般是用较硬的瓷石、石灰石、紫金土按一定比例配制的原始釉，各制瓷厂家有的在其中加氧化铬，发色偏绿；有的加入氧化钴，发色带蓝；有的则到处找紫金土，做实验配方。可烧制出与宋釉媲美的瓷器的有毛正聪大师、张绍斌大师、上垟的曾世平；与南宋青釉最接近的是宝溪仿古匠师曾奕新、张丰平。仿元的豆青釉和仿明青釉有几个厂家研制的釉发色也比较正。北宋的青碧釉（又称"梅子绿"）和元代极为漂亮的翠青釉尚无人研制出来。现代釉属石灰釉，流釉比较严重，南宋釉属石灰碱釉，在高温下流动性小。

上垟曾世平的粉青釉配方来自他的父亲曾焕明。曾焕明老人说他的粉青釉不加任何化学原料，用了八种天然原料，即三种不同地点产的紫金土，两种不同地点产的瓷石、庆元县隆宫石灰石、石英、少量废瓷片或垫饼。曾世平到河南买来玛瑙石掺入釉中做实验，效果不是很理想，加少了看不出效果，加多了易流釉。笔者看了他的玛瑙釉，通透性较好。玛瑙的主要成分是二氧化硅。

民国时期至新中国成立初，一般用乌釉与瓷石制成的白釉及紫金土以一定的比例合而为釉。乌釉一般有两个配方，其一是用100斤生石灰、180斤谷壳拌匀堆烧三天三夜，然后放入水碓捣三天三夜，再淘洗；其二是用100斤生石灰与250斤燥郎衣（干凤尾草）堆烧，然后碓捣淘洗。

徐渊若在《哥窑与弟窑》中记载了廖氏制釉方。廖氏即廖献忠，前清秀才，由于脚跛未能从政，后沉迷于制作仿古青瓷。据书中记载，廖氏琢磨釉配方到了废寝忘食的地步，自述倾其一生的精力和家财，尽费于仿古瓷研究之中。廖的配方中用了郎衣灰，曾焕明老人说发色较绿，但较易流釉；用了毛竹灰，廖说可使釉色更绿；其他配方中所用的土关、毕关、特金龙、浊足灰是什么，就连新中国成立前夕任龙泉县县长的徐渊基尚且不知，我们就更无从知晓了。由此，可推知北宋、南宋、元、明一些著名釉汁的制釉配方也早就失传了。

要仿制出纯正的北宋青碧釉，南宋粉青、梅子青釉，元明时期的翠青、豆青釉，还需有志之士不懈努力。

[叁]龙泉青瓷的成型

一、轮制成型

又称“拉坯”，陶瓷器中圆形器采用轮制成型。主要工具现代用电动拉坯机，古时用陶车，又称“陶钧”、“辘轳”。陶车由旋轮、轴顶碗、复杆、荡箍组成。旋轮为圆形、木质。龙泉民国时期有用泥轮，其制作是先用竹篾编成圆轮，再用练细拌匀的稻草泥塞满抹平晒干即可，泥轮比木轮重，旋转起来更加沉稳。若木轮太轻，可在轮下面固定铁块或石块增重。轴顶碗嵌于旋轮背面中心位置，覆置在插埋于土中的直轴顶端。荡箍套置于轴下部，复杆安置在轴两侧，

古代用辘轳车拉坯

起平衡、定位作用。荡箍和轴顶碗多为瓷质。制坯时，将胎泥放置于旋轮上面中间，脚踢旋轮使其转动，然后用手将放置于旋轮中间的胎泥拉成所需要的器形。陶车也用于圆形器的修坯、装饰等工序。仿古瓷及艺术瓷多采用拉坯成型。

陈万里先生曾详细记录了民国时他在龙泉考察时所见的制瓷过程："我看见他们做碗，两只脚蹬住一个圆转机（辘轳），将模型放在机上，握一把泥，两手先在模型的底部，按坚实了，然后右脚蹬此圆转机，使它急速旋转，此时模型内底部的泥，渐次随着旋转而薄薄匀铺在模型的全部，溢出在模型外的余泥，把它刮去，中间穿一个孔，为的是排气泡。最后用一块皮，将内部轻轻地按刮一下，就算完成了。手工纯巧的做得很快，等到做到第十二个或者第十六个的时候，就依次脱出模型，在旁边吹一下，四面就同时分开，一合即出，此时的泥还是湿的，就放在板上晾干。等到干了，再要磨底，于是划花、上釉，预备去烧，大概做法如此。"他看到的应是制彩瓷或青花瓷，但为我们生动地描绘了用陶车拉坯成型的过程。

现代用拉坯机拉坯

二、手制成型

最古老的陶瓷器成型方法，包括

捏塑法和泥条盘筑法。大器物如大缸不能用拉坯成型的，就采用泥条盘筑法，现代陶艺也多有采用；古代的佛像、动物等采用捏塑成型。

三、雕镶成型

方形或多角形的器物，不能轮制成型，就将泥料制成坯板，再切成合适的小块，然后用泥浆将其黏接成所需要的坯体形状，再将表面加以修整。如元代楼宇式方形谷仓就采用雕镶成型。

四、模制成型

古称模范作型，即用模子制坯。龙泉窑至迟在北宋中晚期就开始采用模制成型，如印花炉、方瓶、印花瓜棱炉等；龙泉哥窑（黑胎

注浆成型

压坯成型

开片瓷）采用最多，除小碗采用轮制成型，其他器形基本都采用模制成型。元、明的印花模、八卦模、鱼模等都为在高温下与瓷器一起烧成的露胎单瓷模。

五、阴干

刚成型的湿坯需上坯架阴干，不能日晒。大型器物如因天气过于干燥还需喷雾，以保持一定的湿度，防止开裂。

六、修坯

又称“旋坯”，将坯放在陶车上用修坯刀旋削到内外平整，并使胎达到所需要的厚度。

修坯

挖足

七、挖足

旋坯后将器物底部挖成足的工艺。南宋有部分制作极为精细的碗、盘常挖足过肩（碗、盘外壁与圈足相接处称为“碗肩”、“盘肩”），即所挖圈足内的深度超过肩，俗称高圈足，显得更为规整、精细。

八、装饰

修坯后需装饰的器物，可进行跳刀、刻划花、贴花等。

九、素烧

将修好的坯继续阴干，在施釉前进行焙烧的工艺称素烧。素烧温度要低于正式烧成瓷器的温度，若温度高瓷化后釉就上不去，一般控制在800℃左右。素烧的作用是提高坯的强度，使施釉时坯体吸水不会变形。

[肆]龙泉青瓷的装饰手法

一、刻花

古代用竹或铁制的刀具（也可能有铜制和骨制刀具），在半干的瓷坯上刻出线条或图案，几乎全部采用斜进入，只是斜的角度不一，俗称“半刀泥”法。刻痕为内深外浅的斜坡状，窑工灵活掌握斜刀的角度，可使刻痕产生深浅、宽窄不一

刻花

的变化，施釉烧成后，由于刻痕使釉厚薄不一，呈色浓淡不同，使花纹得以显现。刻痕深，釉薄，纹饰清楚；反之，纹饰模糊不清。采用适当的刀法，图案立体感强，呈现浅浮雕的效果。龙泉窑两宋之交的刻花刀法最为老辣娴熟，元代次之，明清更次。宋元时期多为写意刻花，故不需刻前先行细线描划，明早期的宫廷用瓷及高档出口瓷，因要求高，以写实为主，故需先行用细线描划，然后再行刻花。

二、划花

一种是用竹针或铁针在半干的瓷坯上划出线条或花纹，还有一种是用篦梳状器在坯体上划出排状细线条。

龙泉窑在五代时，多采用划花装饰瓷器，俗称“针工”；到北宋早期，刻划并用；约北宋中早期开始，“针工”消失，以刻花为主，间以篦纹；北宋中晚期，流行一种刻花与篦点组合的纹饰；约南宋中早期开始，篦点消失。刻刀以竹制为主，许多碗盘上的刻花线条呈现宽窄不一的类篦状纹，说明是竹刀破裂、破损后继续使用产生的。元中早期的刻划花继承了两宋之交的风格，莲荷、菊花、鱼等纹饰几乎

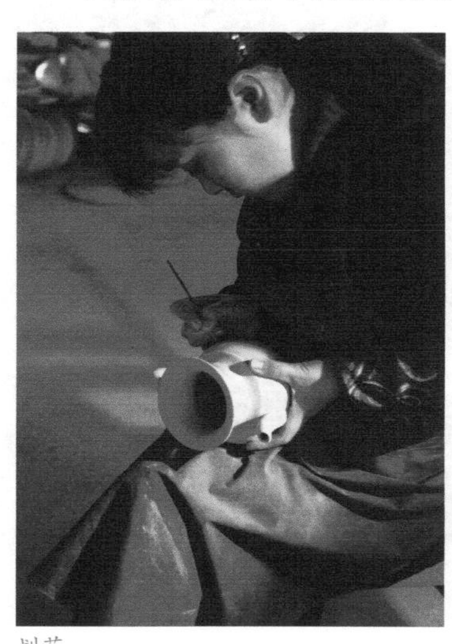

划花

与两宋之交时期相同，技法以刻花为主，也有间以篦纹。元中早期的刻划花虽不失粗犷、豪放，具有较高的欣赏价值，但无论刀法与构图都无法与两宋之交的刻划花相比。

三、**印花**

用刻或雕有装饰纹样的瓷模，在干湿度适当的瓷坯上印或拍印出花纹，或用刻有纹样的模范制坯直接在器坯上留下花纹。元代的龙泉窑印花，前者用得较多，后者用得较少。龙泉窑的印花始于五代、北宋，如有些盘、碟的内底、内壁，炉的外壁等，但量很少。南宋沿袭，量也不多。到了元中期，印花开始盛行，成为最普遍的装饰技法。元代印花有一个从简单到繁复的过程：元中早期金村窑区开始出现在莲瓣纹碗的内底心戳印一朵花；后发展为内底心印花，内壁刻花；再发展到内底印花，内壁拍印花，甚至出现

印花

双面印花。印花有阳文印花和阴文印花，两种印花又分别有粗线条印花和细线条印花之分，采用较多的为阳文细线条印花和阴文细线条印花。模子为阳文，则在坯上留下阴文，称“阴文印花”；模子为阴文，则在坯上留下阳文，称“阳文印花”。印花过程完成后，还须用刀进行修饰。瓷器装饰采用阳文印花较阴文印花多，是因为阳文凸花处釉薄，纹饰清楚，阴文印花若釉稍厚，纹饰模糊不清。阴文印花多用于内底心戳印的小构图纹饰，如文字、朵花、双鱼、鹿、龟等，到明代发展到较复杂的图案，如历史人物故事碗、云鹤碗等。

贴花

四、贴花

采用模制或捏塑的方法制出各种人物、动物和花卉的浮雕造型，然后粘贴在需装饰的器坯上的装饰手法，所贴的纹饰很多，有云、龙、鱼、龟、缠枝牡丹、双环、象耳、龙耳、鱼耳、方耳、绳耳、梅花、荔枝、山水、仙鹤及各种缠枝花等。

五、剔花

用刀具将事先在坯体表面勾划出的纹样轮廓以外的部分全部剔除，使花纹凸起在坯体之上，达到浮雕的效果，因此也称“雕花”，多用于缠枝牡丹和云龙纹盖罐、梅瓶等器物上。

六、镂空

亦称“镂花”，又称“透雕”或“镂雕”。按设计好的图案，将瓷胎镂成浮雕状或将图案外的空间镂空雕透，多用于瓶、熏炉、笔筒等器物上，如韩国从新安海底沉船打捞上来的镂空荷叶莲花象耳衔环瓶等。

七、捏塑

采用手捏和雕塑制作出艺术形象或部件的一种装饰手法。多用于佛像、动物、人物、砚滴、烛台、楼宇式谷仓及宋代的多管瓶、龙虎瓶等器物上。从元龙泉窑的佛像、楼宇式谷仓的制作工艺看，捏塑和堆塑达到了青瓷制瓷史上的最高水平。

八、堆塑

将手捏、模制、雕塑的立体人物、动物、亭台楼宇的部件等粘贴

捏塑

在器物坯体上的装饰手法。

九、点彩

将褐或红彩点绘在瓷器的釉面上的装饰手法，入窑高温烧成后点彩处呈褐色或红色，分铁褐点彩和铜红点彩两种。根据实验，釉中含铁量在1%~3%时，釉色显绿或青绿色，当含铁量升高到4%~8%时，釉色呈褐、赤褐或暗褐色，褐彩的主要原料为紫金土。元代采用点彩装饰瓷器，多用于高足杯、小盖罐、壶、洗、瓶等器物上。点铜红彩的器物发现极少，目前仅见上海博物馆的红斑洗及杭州一藏家的红斑玉壶春瓶，极其珍贵，是否是受钧窑铜红窑变的影响还是个别现象还有待于考证。

十、露胎

元龙泉窑独创的装饰技法，即在过釉时，对器物的局部不施釉，烧成后露胎处由于二次氧化成深亮的红褐色或赤红色，与青翠的釉色交相辉映，产生对比强烈的视觉效果，与点彩有异曲同工之妙，但露胎的颜色比点彩较为鲜艳、活泼，更具观赏性。

露胎一般与其他装饰技法并用，以露胎贴花最为常见，为操作方便，许多露胎贴花是在器物过釉后再行贴花的。器物外壁则采用露胎阳文凸花印花，如八角瓶、八角高足杯、八角碗及四方壶等，三足炉及一些盘的内底虽采用露胎阳文或阴文印花，但露胎不规整，无美感，是由于叠烧需要，可看成是露胎装饰技法的起始阶段。

露胎

[伍]龙泉青瓷的施釉

施釉又称上釉、挂釉、罩釉，俗称“过釉”。是指在成型的陶瓷坯体表面施以釉浆。根据不同的器形、不同的艺术效果要求，可选用下列施釉技法上釉：

一、蘸釉

又称“浸釉”，是最基本的施釉技法。将坯体浸入釉浆中，片刻后取出，利用坯体的吸水性使釉浆均匀地附着于坯体表面。釉层的

浸釉

厚度由坯体的吸水率、釉浆浓度和浸入时间决定。

二、荡釉

即荡内釉。将釉浆注入坯体内部，然后将坯体上下左右旋荡，使釉浆满布坯体内壁，再倾倒出多余的釉浆。根据不同要求，可进行第二次荡釉，但要等第一次釉干后进行。一般不进行第三次。

三、浇釉

大型器物的施釉方法之一，也适用于一面施釉的坯体。方法是在盆中架一木板，将坯体放在木板上，用勺或碗取釉浆泼浇在瓷器上。或将器物直立，在肩上浇适量的其他釉，如浇褐彩，任其不均匀流淌，产生特殊的艺术效果。龙泉窑北宋时有在施青釉的瓶上浇褐彩。

四、刷釉

又称“涂釉”，用毛笔或刷子蘸取釉浆涂在器坯表面。刷釉法多用于长方形有棱角的器坯或是局部上釉、补釉，同一坯体上施几种不同釉料等情况。

浇釉

五、吹釉

用一小节小竹管，一端蒙上细纱布蘸取釉浆，对准器坯应施釉部位，用嘴吹竹管的另一端，釉浆即通过细纱孔附着在器坯表面，如此反复进行。

六、洒釉

在坯体上先施一种釉，然后将另一种釉料洒散其上，使两种釉色产生网状交织、线面对比、方向变化的纹理。有全器洒釉，也有局部洒釉。古时未见采用洒釉法，当代有采用。

七、轮釉

将坯体放在施转的轮上，用勺取釉浆倒入坯体中央，利用离心

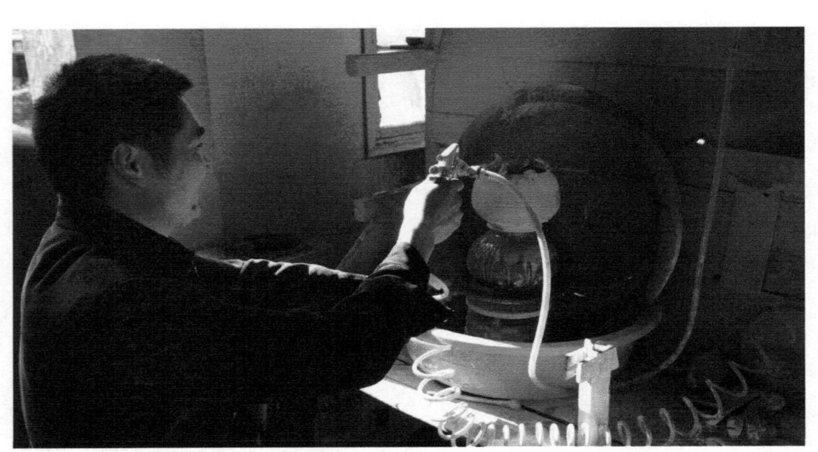
喷釉

力，使釉料均匀地散开而附着在坯体上，多余的釉浆飞散到坯外，多用于大盘施釉。

八、点釉

用毛笔蘸取釉浆在器壁上随意一点，如元代的铁褐点彩和铜红点彩即采用点釉法。

九、喷釉

现代施釉方法，即用喷枪将釉浆喷成雾状，均匀地附着在坯体上，是古代吹釉法的进步。

[陆]龙泉青瓷的烧成

一、装匣

施釉后经晾干的坯体按不同的器物造型分别装匣。碗、盘一般用漏斗状匣钵，装匣时，在匣钵底放一把谷壳灰再放垫饼，然后在垫饼上放所烧器物。五代、北宋、南宋时期，龙泉窑的碗、盘极少叠烧，小碗、小洗叠烧；元代碗不叠烧，盘有露胎、露胎刻花和露胎贴花叠烧，保证了器物的精美；明中后期有部分碗、盘叠烧，内底有一涩圈，很不雅观。高大器物在窑内装匣，先将器物放在平底匣钵内，后再套上套筒。其他器物在窑外装匣，然后搬入窑内装窑。小罐、高足杯、卧足杯用平底匣钵，不用垫饼和泥点，可能在匣钵内撒一层谷壳灰再放入器物，使器底与匣钵不粘连，也有用泥团和粗泥饼垫烧的。

装匣

二、装窑

把装好瓷坯的匣钵装入窑室内称“装窑”。装窑是烧窑的关键，窑装不好，再好的烧窑师傅也烧不好窑，装窑的技术要点有以下两点：

1. 匣钵排列合理有序。 既要遵循达到装窑量的最大值，尽可能地利用窑位的原则，又要有一定的间隔使窑内形成合理的火路。匣钵间的距离为二指至二指半宽，即4厘米至5厘米，吸火力强，二

匣钵中的青瓷

指宽即可，吸火力不够，增至二指半宽。匣钵排列横行与横行间要错开，即从纵向看，每一纵行不能排得笔直，单双数错开排列，看不到直通通道。这样的排列，利用装好的匣钵柱阻挡火路，处处形成了小倒焰，使匣钵能四面受热均匀。切忌装成直通道火路，否则，温度很难上去，即使温度上去了，匣钵背火一面也烧不透。

2. 熟悉窑位。 上垟清代龙窑曾芹记古窑坊为平焰阶级窑（又称“梯式窑”），长33米，窑室内宽1.37米、高1.8米，共二十二室。一室一级，每室深1.10米，烧直径12厘米的碗可装五排，从窑头一端开始编号，第一排称“火一”，第二排称“火二”，依此类推，第五排称“火五”，也称“火尾”，每室可装烧高6厘米、口径12厘米的碗一千个左右。每座龙窑，第一室到第六室烧成效果最佳，这是由于窑头至少要烧八小时，要烧到第七室的匣钵发红才能开始烧第一室，升温缓慢、受热时间长是窑位较好的原因，但第一室的火一窑位不是很好。每室的中心位置烧成效果最好。一般来说，顶部温度较高，易流釉；底部温度稍低，有时烧不透；两边底部烧出的器物易发黄。

装窑

梯式窑火尾底层两到三个匣钵和火四底层一个匣钵不装坯，因为温度不够，肯定烧不好。窑尾的最后三室由于抽力不够，温度很难上去，时间要长好几倍，费燃料，因此现在往往不装用于素烧成烧泥料瓷坯，有人认为古代龙窑大匣钵多装在中段，是由于中段火力强的观点值得商榷，可能是从设置火路去考虑，曾焕明老人也是这样认为的。因此，制作精细的器物应放在第一至第六室的中间部位，其次放在第七室和第八室的中间部位，这两室也是较好的窑位。哥窑器由于采用黑胎，所需温度低一些，曾焕明老人往往把它装在底下几层。龙窑由于有这种窑位特性，我们可以推想古代烧制极其精细的宫廷用瓷也要放在最佳窑位，朝廷垄断一座窑作为官窑专烧官

祭祀

窑器是毫无意义的，不如垄断几座窑的最佳窑位效果更好。因此，龙窑的官窑制度是不一样的。北方的馒头窑肯定也存在最佳窑位，因此，宝丰清凉寺的汝官瓷也有垄断最佳窑位烧制的可能。

三、烧成

民间称烧成为“烧窑”，窑烧得好不好，直接影响到产品的经济价值，是陶瓷烧制过程最关键的一步。烧窑的技术性很强，因此古代就有专门的烧窑师傅。烧窑虽有一定的规律可循，但又由多种因素决定，如每座窑的特性，柴的品种与干湿度，所烧器物的形制与大小，胎釉料取自哪一个矿点等。原国营上垟瓷器总厂技术科科长赖自强、上垟的曾焕明、宝溪的金品和陈有学，他们都在十二岁至十六岁时就开始学习烧窑，赖自强老人是民国时期的烧窑师傅，其余三个是新中国成立前后成长起来的烧窑师傅，曾焕明和金品至今还在烧龙窑。笔者多次登门拜访，实地看他们烧窑，现将他们的烧窑经验作一介绍。

1. 祭祀。 由于烧窑成败的变数较大，也时有烧失败和不理想的情况发生，而每一窑都烧成功又是窑工们的热切愿望，因此产生了敬畏心理，认为有神灵左右，于是每次烧窑点火前都有一套祭祀仪式和一系列禁忌，至民国时期还盛行。

赖自强和曾焕明老人说，窑工们祭拜的是九天玄女，但祭拜的原因各不相同。赖自强老人说，宋元之际有一名叫林炳的窑匠，为大龙窑易倒塌而苦恼，在窑旁睡着了，梦见九天玄女从天而降，挺着两个很大的乳房。当时未悟，后突然受启示，建了一座分室阶级窑，每一室用乳状窑墩支撑，窑顶也做成乳状拱背，使用后效果很好且又牢固。为感恩九天玄女显灵启示，每家窑工家中都设立了九天玄女的牌位供奉，烧窑前都要举行祭拜仪式。

曾焕明老人说，祭拜九天玄女是源于一个悲壮的故事。古代一著名烧窑师傅，为皇宫烧瓷，一直烧不好，若这一窑再烧不好，全家都要被杀头。当时，民间一直盛传童女祭窑之事，于是，这位烧窑师傅的十三岁的女儿为挽救全家人的性命，跳入熊熊窑火。人们惊慌之中，发现天空中九天玄女乘窑烟冉冉升天，皇宫用瓷终于烧成功

了。从此，窑工们一直祭拜九天玄女，同时怀念这位以身殉瓷的女孩。传说是动人的，但根据龙窑的结构，人是跳不进窑火之中的。

宝溪的金品老人说，许多窑点火前祭的是传说中山里的独脚鬼怪山魈。龙泉传说中的山魈有灵无形，你看不见它，它看得见你，性情古怪。若到你家，好起来对你好得不得了，做事样样顺心，件件成功，财源滚滚。一不小心触怒了它，就会闹得天翻地覆，使你家破人亡。龙泉人常称待人好坏无常和喜怒无常的人为山魈。赖自强和曾焕明老人说，砖瓦窑和缸钵窑确实是祭山魈的，而瓷窑是不祭山魈的。从目前的考察情况看，无论在窑区的寺庙中还是龙窑窑头的牌位上，从未见过九天玄女的塑像。看来，两种情况都有可能。

赖自强老人说，古代烧窑有“三不点火”：有人哭不点火，有人去世不点火，有挑粪桶的人经过不点火。点火前，先在家中祭拜九天玄女，然后把盛祭品的祭盒用香火请到龙窑，放在窑头的牌位上，三拜后点火。曾焕明老人说，古时烧窑若温度老是上不去，就到山上把人们化坟后丢弃的棺木拿来烧，目的是以阴制阴，冲掉阴气，提升火（阳）气。有时真的很灵验，烧出的青瓷发色很好。实际上，棺木是很干的杉木，本身就可以把火烧旺。另外，棺木上渗入了人体腐烂过程中残留或产生的一些物质，这些物质对青瓷的发色有一定的帮助也是有可能的。

2．备柴。 木柴要短小、干燥。短即截成五十厘米左右；大木头要劈得较小；尤其要干燥，湿木柴肯定烧不好窑。几位烧窑师傅一致认为，原则上任何木柴都可烧，最好是杉木，因为杉木炭疏松，易化成灰分而随烟跑掉，称“化炭”。化炭是烧窑过程中时刻要注意的，炭化不了就塞不进木柴，同时影响通风，温度上不去。许多人说用松炭做燃料最好是不确切的，一是松炭比杉炭硬，难化，更重要的是松木含松香，烟太大，一不注意会造成烧成的瓷器串烟而发灰。硬木的炭更难化，对烧窑技术要求更高。

3. 烧窑头。 窑头需要烧八小时左右，需柴火五千斤至六千斤。有时由于各种原因，要烧十多个小时，需柴火万余斤。烧窑前，要用砖和泥封堵所有窑门和投柴孔，只留窑头投柴孔、送风口和窑尾排烟孔。当烧到第七室的匣钵发红时，窑头烧结束，开始烧第一室。

4. 烧窑室。 每室窑的两边都开有投柴孔，要同时烧。烧火的关键是要勤快，不能偷懒，每次投柴量为四十斤至五十斤，烧结束需三十分钟至四十分钟，共投柴一千斤左右。一室烧结束开始烧下一室叫开间，烧第二室时第一室还需不时地投少量柴火，烧第三、第四室时，第一、第二和第三室也还需投柴，投柴数量的顺序为四>三>二>一，其作用有三：一是保温，使温度不至于降得太快；二是保持还原气氛，以免二次氧化；三是后一室的炭需前一室的火焰来化。开到第五室，第一室停止投柴，并用泥封投柴孔，依此类推。从

中看出烧窑工是比较辛苦的，要同时兼顾烧四室。

5. 看火候。 决定是否可以开间是烧窑的关键，这需要通过看火候来决定。火候到了，可以开间；火候未到和过火开间都会影响烧成质量。看火候一般都是由看窑室内火焰颜色和火照变化结合判断。金品老人说，他主要根据火照变化判断。曾焕明老人说，刚开始烧时火焰是红色的，过一段时间变黄，当烧到半小时左右时开始变白，当通室变白并开始发绿时，再过几分钟就可以开间，可以不看火照，因为有时火照受了窑风就看不出来，只有根据火焰的颜色判断。赖自强老人说得更神，他常用咳痰星法判断，当火焰转色后，就咳一口痰或唾沫用力吐到窑室内的匣钵上，听声音来辅助判断是否可以开间。这也有一定的道理，不同的温度，痰星在匣钵上气化的速度是不一样的，发出的声音也就不一样，真可谓各师各法。因此，烧窑师傅要耳聪目明，并练就一双火眼金睛。烧结束后约需三天三夜冷却才能开窑。

龙窑每烧一窑，窑内壁要用耐火黏土调制成的泥浆刷一遍，否则釉中的挥发物黏结在窑壁上形成的窑油（或称“窑汗”），在高温下会重新融化滴下，使匣钵粘连或损坏器物。

6. 燃气梭式窑的烧成。 按以下几个时间段控制温度上升的过程：

（1）蒸发期。升温至340℃，约需一个半小时，蒸发去坯体中残存的水分。

(2)氧化焰。升温至960℃，约需三小时，烧去釉中的有机物。

(3)保温期。升温至1050℃，约需一个半小时，使窑内温度均衡。

(4)还原焰。升温至1230℃，约需三小时，使高价金属元素还原为低价金属元素而发色。

(5)高火氧化。升温至1310℃，氧化多余的附着在器物上的细炭末。

一般烧成时间十小时至十一个小时，窑室空，器物装得少，器物小，烧成时间短一些；若烧大型器物，则需十五小时至十六个小时。

燃气梭式窑的优点是发青率高，基本上都能达到满窑青。最大的缺陷是釉面“针眼”多，几乎不能避免。匠师们为此绞尽脑汁，近年来情况有所好转，但还不能完全避免，成为最头疼的问题。笔者多次与他们探讨，其原因不外乎三个方面：一是温度控制；二是胎泥；三是釉料。要彻底解决釉面的“针眼”问题，需成立科技攻关小组，请科研部门的专家参与，设计出不同方案进行系列实验，寻求破解方法。

龙泉

历代龙泉青瓷的特征

龙泉青瓷在长期的发展过程中，各时期造型风格多有不同，烧制工艺也有阶段性特色。

历代龙泉青瓷的特征

[壹]早期的龙泉青瓷

在探究龙泉窑的发展轨迹过程中不难发现，五代时期以前的龙泉青瓷大多胎质疏松，制作粗糙，质量低劣，精品很少，釉色多为青灰色和青中泛黄色，似原始瓷。从器物造型风格和纹饰看，都是仿越窑、瓯窑和婺州窑的早期产品。这个时期在浙江广大地区生产的青瓷尽管都各具有地方特色，如瓯窑和婺州窑，但从总体上看还是应该归入越窑系，可看成是越窑系的不同地域类型，龙泉窑也不例外。

大约从五代中期开始，龙泉窑的产品以崭新的面貌出现在世人眼前，一批淡青釉瓷器烧制水平之高、质量之精都达到了一流水平，这类产品与龙泉窑烧造历史的各期产品比较，也是出类拔萃的。龙泉窑似乎在一夜之间从幼稚走向了成熟。淡青釉瓷器的釉色与瓯窑青瓷相近；纤细的划花纹饰、外撇的圈足又酷肖越窑的同期产品；带盖长颈瓶堆饰于肩腹间的褶皱状的附加堆纹又具有婺州窑的风格。一流的产品需一流的工匠制作，早期的龙泉窑还不具备这种实力，这批工匠必定来自龙泉境外。当时既未发生战乱，且越窑、瓯窑、婺州窑还处于鼎盛期，他们没有理由主动到龙泉制瓷。是谁能把一流的工匠请到龙泉？答案很明显，只能是朝廷所为。很可能是统治浙江的吴越国钱氏王朝在龙泉烧制过秘色瓷。

龙泉五代至北宋早期产秘色瓷古籍是有记载的。宋代庄绰《鸡肋编》云："处州龙泉县……又出青瓷器，谓之秘色。钱氏所贡，盖取于此。宣和中禁廷制样须索，益加工巧。"文中很明确地指出龙泉在吴越钱氏王朝期间生产秘色瓷，在北宋晚期的宣和年间还生产过质量更高的秘色瓷。当然，宣和年间生产的"益加工巧"的青瓷器是否属秘色瓷的范畴，可另作讨论。

2001年，浙江省收藏协会领导到龙泉考察时，在收藏品花鸟市场购买了一个四系罐残件。据店主介绍，是农民在金村大窑犇整理田块时捡来的。四系罐上有"天福秋修建窑炉试烧官物大吉"的铭文，从而印证了宋代庄绰《鸡肋编》记载的可靠性。

对照马氏王后康陵（葬于939年）出土的秘色瓷，其中罐、盘、粉盒、委角方盘、盆等几乎与龙泉窑的淡青釉瓷器颜色一致，龙泉窑也产与康陵出土造型完全相同的唾盂，这几件瓷器很可能是龙泉烧制的。龙泉窑淡青釉瓷器的许多精品比康陵出土的秘色瓷精美许多，这些精品无疑是属于秘色瓷的范畴。民间的有识之士，早就称龙泉产的淡青釉瓷器为"五代官"。

花口小盘

花口杯

一、器物类型

瓶类有梅瓶、五管瓶，壶类有执壶、盘口壶。碗类有斗笠碗、暖碗、花口碗，另外还有熏炉、香炉、罐、盏托、盏、唾盂、盘、碟等，其

碗

中素面无纹饰的器物较少，划花的器物最多。

二、胎釉特征

胎色浅白，质地细腻坚硬，一看便知胎料经过认真加工处理。釉色以淡青为主色调，也有淡青稍泛黄色，极少青灰色。釉面光亮，很难被土侵蚀，因此，大多数出土物品相完好。淡青釉铁的含量较低，通过访问老一辈有经验的釉料配方师傅，釉料很可能未加紫金土，靠釉土本身含有的少量铁发色。淡青釉的优点是发色比较一致，很少有灰色调出现，缺点是发色较淡。

这个时期在南方的许多地区，如江西湖田、福建浦城等地区都生产釉色相近的瓷器，江西、福建生产的称“影青”，龙泉生产的称“淡青”。可能有一特殊因素影响，许多窑口都在仿北方定窑。由于

刻花盘

莲花式碗

南方瓷土普遍含铁量较高，因此，很难烧出纯白瓷。

三、制作造型特征

造型挺拔修长，端巧工整，制作精细，多数器物圈足外撇，带有明显的越窑制作风格和支烧方式，以泥点垫烧为主。

四、装饰手法和纹样特征

装饰手法有划花、剔花、刻花、贴花、捏塑、镂空等。纹饰：贴花有动物、人物等；剔花有蝴蝶、荷叶荷花、莲瓣等；刻划花有游虾、牡丹、蕉叶、云头、荷花等，普遍采用划花手法，很少采用刻花手法。镂空主要应用在熏炉和执壶的盖上。

五、生产淡青釉瓷器的重要意义

五代至北宋吴越王朝纳宋期间，吴越国钱氏王朝始终向北方统治者纳贡称臣，大量生产秘色瓷，开展瓷器外交，因此抽调优秀制瓷工匠到有优质瓷土资源和良好制瓷基础的龙泉开辟秘色瓷生产新基地，以满足其大量贡奉的需要。钱氏王朝的重视和垂青，使龙泉窑的生产规模迅速扩大，质量迅速提升。而且有许多创新，如作为明器的五管瓶，既是龙泉窑的新产品也是特有产品，浅盘口、八棱形鼓腹执壶和镂空套盖、十棱形鼓腹执壶的造型优雅美观，制作极其精细，仅见于龙泉窑。作为明器的五管瓶和盘口壶，尽管是民用产品，其精美程度毫不逊色于越窑秘色瓷。来自外地的优秀制瓷工匠不仅带来了娴熟高超的技艺，还带来了他们当地瓷器的造型风

格和装饰风格，这就是龙泉窑的淡青釉瓷器成为越窑、瓯窑、婺州窑的三合一产品的主要原因。许多专家、学者评价此类瓷器似越非越，似瓯非瓯，似婺非婺。正是这“似”与“非”，恰好说明五代时龙泉窑已经形成了自己特有的风格，可认定为龙泉窑的开窑年代。通过生产秘色瓷，龙泉窑完成了创烧阶段，进入了蓬勃发展时期。

[贰]宋代龙泉青瓷

龙泉窑进入北宋后，一直为朝廷提供宫廷用瓷，除宋代庄绰《鸡肋编》有明确记载外，南宋叶寘的《坦斋笔衡》和顾文荐的《负暄杂录》中均有记载。《坦斋笔衡》曰：“本朝以定州白瓷有芒，不堪用，遂命汝州造青窑器，故河北唐、邓、耀州悉有之，汝窑为魁。江南处州则龙泉县窑，质颇粗厚。政和间，京师自置窑烧造，名曰官窑。”许多学者引用这条记载用来说明龙泉窑的产品粗厚笨重，实际上这条记载恰恰说明龙泉在政和元年（1111年）前一直奉烧宫廷用瓷，只不过是以宫廷的标准来品评，显得“质颇粗厚”，何况宋徽宗是一个酷爱艺术且鉴赏水平很高的皇帝，对贡瓷非常挑剔。虽然“政和间，京师自置窑烧造”，但有限的产量难以满足宫廷的大量需要，同时宫廷也需要不同风格的瓷器，此时越窑已衰落，生产“越州古秘色”类风格的青瓷只有龙泉和耀州。为提高龙泉青瓷的烧制水平，“宣和中禁廷制样须索，益加工巧”。《鸡肋编》和《坦斋笔衡》中的这两条记载相互印证，互为补充，说明北宋时龙泉窑一直在奉烧宫廷用瓷。

绍兴县文保所收藏的宋六陵攒宫出土的瓷片，器物以碗、盘居多，瓷片中有少部分湖田窑的青白瓷，绝大部分是龙泉窑的产品。龙泉窑青瓷碗标本又以外壁素面，内壁刻写意缠枝莲的居多，刻S纹、云纹的次之，另还有莲瓣纹碗和刻云龙纹的残片。笔者到广东阳江海陵岛“南海一号”瓷器陈列馆也看到这两种刻划花碗。可见，这些刻花碗盘既供宫廷使用，同时还大量出口。南宋与金签约议和虽丧权辱国，但也换来和平，经济逐渐复苏，随着官窑的建立，北宋汝瓷风格的青瓷开始盛行，刻花青瓷随之走向衰落。

一、器物类型

瓶类有梅瓶、多管瓶、长颈瓶、四方瓶、喇叭口长颈八棱瓶等，

刻花斗笠碗

刻花盘

葵口碗

炉类有双耳刻花鳌足鼎炉、六角八卦三足炉、双耳六角八卦三足炉、四方四足印花炉、六角六足印花盆、素面三足炉、熏炉等，壶类有执壶、盘口壶等；盒类有油盒、化妆盒等，碗类有单面刻花碗、双面刻花碗、斗笠碗、花口刻花碗、花口出筋碗等，种类式样十分丰富，此外还有夹层盘（孔明碗）、五管灯、盏托、盏、刻花小盖罐及各种式样的盘、碟等。

二、胎釉特征

胎、釉与前期比较有很大区别。胎从前期的浅白色变为既有浅白色又有香灰色、深灰色和黑色，胎的质地绝大多数细腻坚硬，也有较粗糙疏松的。釉层普遍较薄，透明度大，无乳浊感，玻璃质感较强，俗称“玻璃釉”。釉色十分丰富，有青灰、灰、黄、棕黄、黄绿、青绿等不同色阶，其中青碧色釉非常美观，是北宋龙泉窑工的主要成就之一。若从釉色的层面去理解“秘色”，则青碧色釉可以说是达到了秘色瓷釉色的顶峰。

北宋龙泉窑的胎釉配方是在总结前期烧制情况后逐步摸索改进的，这可能与宫廷的要求有关，毕竟前期淡青釉瓷器的发色较淡，与人们“古瓷尚青”的审美观念有较大距离。为使釉面达到青碧的效果，窑工们从两方面着手改进。一是注意到了胎色对釉色的呈色作用，于是在胎料里加入了紫金土，烧成后的胎呈灰、深灰色，从而使釉面成色加深，显得古朴深沉；二是在釉里加紫金土，提高釉料中铁的含量，使烧成后釉面发出的青绿色加深。由于这个时期窑工烧窑过程中还原性气氛控制技术不熟练，所以青碧色釉瓷器所占的比例较小，绝大部分为青灰、灰黄和青中泛黄釉。

三、制作造型特征

器物造型式样比前期丰富，器形从前期的挺拔修长向短圆变化，如北宋执壶比较短圆，甚至出现了扁圆壶。圈足外撇的特征基本消失，盘、碟等有较多的卧足、平足。支烧方式以粗泥饼垫烧为主，少有泥点、泥条支烧。邻县福建松溪的回场窑碗的装烧方式为两个叠烧，因此处于底部的碗内底带有泥点痕，上面的碗圈足有泥点痕，龙泉窑北宋时碗的装烧极少采用叠烧方式，这是识别窑口的重要参考依据之一。

四、装饰纹样特征

装饰手法与前期基本相同，最明显的变化是单线条细线划花消失殆尽，刻花手法盛行。采用了类似梳子的篦齿状工具，用于划，在器壁上留下一组细线条，称“篦纹”；用于戳，则留下排点，称“篦点”。采用刻花、篦纹、篦点有机组合的装饰是北宋中晚期器物装饰的一大特色，有少量印花器物出现。

动物类纹饰有鱼、鸳鸯、蝴蝶、蜻蜓、山兔、鹅、鸭、鹤、鹿、龟、象、龙、凤等。

植物类纹饰有荷花、百合、菊花、水草、忍冬花、牡丹花、梅花、

刻花小碗

莲瓣纹碗

藤花、蕉叶等，其他纹饰有灵芝纹、云纹、波涛纹、风车纹、垂叶纹、太阳纹、婴戏纹等。

五、艺术成就

植物在衰败前总会尽快顽强地开花结果，以传宗接代而不至于消亡。万物同理，越窑在北宋中期开始衰亡前就把种子撒向了四面八方，带有优秀基因的种子在广袤的土地上迅速生根、发芽、成长，尤其在三块土地上结出了丰硕的果实，这就是被后人称道的龙泉秘色瓷、耀州秘色瓷和高丽秘色瓷。不同水土培育的果实必定有不同风味，它们既继承了母本的优良品质又有超越母本的鲜明特性。高丽秘色瓷似翡翠，清亮、深沉，具异域神采；耀州秘色瓷器物装饰近乎于雕、琢的刻花，极其精细；龙泉的北宋秘色瓷则把远山偏暗的"千峰翠色"拉回到眼前的"青绿世界"，与自然界更为融合，其写意刻花纹饰毫无矫揉造作之感，与耀州秘色瓷的浮雕式刻花及印花相比，各具鲜明个性和不同的美学境界。通过奉烧宫廷用瓷，从整体上提高了龙泉窑的制瓷水平，一些极其精美的多管瓶和盘口盖壶的出土，说明了当时窑工高超的技艺。

民用瓷类的刻划花，大胆随意，一刀一茎，两刀一叶，四刀一蕾，构图洗练，毫不含糊。刀法老辣娴熟，线条简洁流畅。看到这种线条，就像听到在半干的坯上快速刻划时发出的嚓嚓声，会想起小时候看外婆边聊天边纳鞋底，那么的不经意，针脚又是那么的匀称。还会想到当时的窑工，农忙时种田，农闲时制陶瓷，产品供不应求，生活丰衣足食，没有压力，没有过高的追求，因而没有半点浮躁心理，心态非常平静，这种心态下的刻划花，流露出朴素、纯净、自然的美，非常适合现代人欣赏，可中和喧嚣都市带来的压力、烦躁和火气，进而使心灵得到净化和升华。

龙泉窑北宋至南宋早期的大写意刻划花，达到了空前绝后的水平，是古代窑工留给我们的一份珍贵文化遗产。

龙泉是否是哥窑原产地，学术界尚存争议。许多专家赞同龙泉是哥窑产地之一，这是一个比较客观的观点。

记载龙泉哥窑最早的文献是陆深的《春风堂随笔》（作者1496年进士，卒于1544年，成书年代不详），其中记载："哥窑浅白断纹，号百圾碎。宋时有章生一、生二兄弟皆处州人，主龙泉之琉田窑。生二陶者青器，纯粹如美玉，为世所贵，即官窑之类；生一所陶者色淡，故名哥窑。"之后，嘉靖四十年（1561年），《浙江通志》记载："相传旧有章生一、生二兄弟，二人未详何时人，至琉田窑造青器，精美冠绝当世，兄曰哥窑，弟曰生二窑。"

嘉靖四十五年（1566年）刊刻郎瑛《七修类稿续稿》记载："哥窑与龙泉窑皆出处州龙泉县，南宋时有章生一、生二兄弟各主一窑，生一所陶者为哥窑，以兄故也。生二所陶者为龙泉，以地名也。其色皆青，浓淡不一。其足皆铁色，亦浓淡不一。旧闻紫足，今少见焉，唯土脉细薄，釉色纯粹者最贵。哥窑则多断纹，号百圾破。龙泉窑至今温、处人称为‘章窑’。闻国初先生章溢乃其裔云。”此外，《云谷卧余》、《天工开物》、《陶雅》、《景德镇陶录》等古籍文献都记载有龙泉哥窑。

六、器物类型

1. 饮食器皿。 （1）盏（杯、小碗、盅），大宗产品，式样有素壁盏、梅花盏、莲瓣杯、八角杯、把杯、菱花式小碗、小盖碗、盅、双耳盅等，各种式样又有大小之分，品种极为丰富。（2）盘，生产的量较大，式样有八角盘、菱花式盘、折沿盘、葵口盘、折腹盘等。（3）壶，有瓜棱壶和扁瓜棱壶，均为小壶，尚未见有大壶。壶的把很小，

小盖罐

作为装饰用，无执的功能。(4)罐，有素面盖罐、鼓钉罐，盖、器身刻浮雕式莲瓣的荷叶盖罐和盖、器身刻浮雕式蕉叶纹的盖罐。

2. **照明用具。** 有两种式样的盆式五管灯，一种为外折沿盆式五管灯，另一种为褶皱纹沿盆式五管灯，还有瓶式五管灯，比盆式五管灯精美。

3. **卫生用具。** 有渣斗、盒，大窑黑胎有通体印青铜器纹饰的熏炉。

4. **文房用具。** 有笔筒、笔洗、叶形笔舔、水盂等。

5. **花、鸟用具。** 有花盆、花盆托、花插、鸟食缸、鸟食罐、鸟食盘等。

海棠花式瓶足(足底满釉，左边可发现有一个残留支钉)

6．陈设用瓷。 有瓷俑、瓶，瓶的式样极为丰富，有梅瓶、凤耳瓶、龙耳衔环瓶、象耳衔环瓶等，尤其是花口花足的瓜棱瓶式样较多。

7．祭祀用器。 (1)觚，大窑、溪口生产的量都较大，各种规格均有。大窑产的普遍较大，大的觚有50余厘米高；溪口产的普遍较小，小的足径仅为4cm，高约9.5cm，口径6cm。普遍高为15cm至30cm。(2)琮式瓶，大窑、溪口都有一定量的生产，大小不一，规格齐全。最小的琮式瓶长、宽约5cm，高约9cm；大的长、宽有20cm，高约40cm。(3)贯耳瓶，大窑、溪口都有一定量的生产，各种规格式样齐全，光素无纹居多，有少量通体印青铜器上的纹饰，瓶形有扁方、六棱和圆形三种，其中扁方形和六棱形的为模制。小梅镇省道公路工地出土了一个灰胎贯耳瓶，贯耳长、宽、高为3.5cm×1.8cm×5cm，瓶高35.5cm。耳以圆耳居多，其次为扁圆耳，亦有方耳。此外，大窑灰黑胎有较多量的弦纹瓶、纸槌瓶、直颈瓶、四方瓶，溪口黑胎有四棱瓶等。(4)套盒。(5)爵杯，陈佐汉鉴绘的《古龙泉窑宝物图象》中有一爵杯，上镌“绍兴三年文庙祭器”八字。(6)炉，生产的量较大，品种、式样多。有鼎炉、鬲炉、花口三足炉、簋式炉、素面樽式炉、弦纹樽式炉、贴双环鼓钉炉、四方炉等。溪口黑胎鬲式炉的造型最接近青铜器鬲，大窑黑胎和白胎鬲式炉的足较长。

七、胎、釉及开片特征

1．胎。 为使胎色加深，一般在胎料中加入含铁量高的紫金土，胎的含铁量高低还会影响到露胎的口和足的颜色。紫金土中长石的化学成分主要是钾、钠、钙和少量钡的铝硅酸盐，是助熔剂，在高温下能起热塑与胶结作用，防止器物高温变形。若紫金土过多加入，胎的熔点降低，温度达不到釉的熔融温度，胎就变形了，导致烧成失败。胎料中加入紫金土的最佳比例，是窑工们在实践中摸索出来的。据老窑工介绍，在胎料中加入废弃匣钵磨成的粉可大大提高胎骨硬度，量不能过多，过多胎骨易开裂。哥窑的胎是比较疏松的，较弟窑型产品易破碎。

2．**釉。** 釉料是决定釉的发色与品质的关键，古代龙泉青瓷釉可分为石灰釉和石灰碱釉（虽石灰釉和石灰碱釉两种称谓颇值得商榷，这里还是沿用习惯称谓）两大类；石灰釉在高温下流动性大，只能烧成薄釉。窑工们在反复实践中，终于发现在釉中加入适量的草木灰如凤尾草（俗称“郎衣”）灰或竹灰，可减少高温下釉的流动性，烧成较厚的釉，这种加过适量碱性较强的植物灰的釉称之为石灰碱釉，可能宋代窑工在釉料中加入过其他效果更好的杂木灰，因无记载而失传了。在此基础上又发明了多次施釉技术，加厚釉层，有的古瓷片釉层有明显的两三道分界线，就是多次施釉的结果。

也是由于龙窑中各部位温度、氧化还原气氛不一致，致使釉面发色不一，加上不同胎色的成色作用，哥窑釉色十分丰富，有天青、粉青、天蓝、灰青、淡青、月白、青黑、青黄、淡黄、黄等，由于砖胎的成色，釉面还有色青带粉红、色青黄泛红等，各种颜色又有细微的差别，可以说，要找到两种釉色釉质完全相同的器物几乎是不可能的。《格古要论》记载的修内司所烧的官窑器色青带粉红，只是诸多色调中之一种，且出现的比例很小，龙窑烧出的产品全部或大部分都是色青带粉红是绝对不可能的。同理，用色青带粉红作唯一标准去判别是否是修内司官窑或内窑也是片面的。

古人对哥窑釉色有许多称谓，如偏白的粉青称“白湖”，偏白的翠青称“鸭蛋青”，近墨色者称“鳖裙”，近黄色者称“蟹甲青”，深绿有棕眼的称之为“新橘”。品评哥窑的釉色，天青、粉青固然为顶级釉色，但不能忽视其他釉色，如深灰青色和青黑色，有青铜器的凝重，具皇家气派；有的黄如蜜蜡，又似田黄，极其稀有；烧成砖胎者，釉必青黄中透红；黑胎器物的弦纹或凸棱处，若釉薄会产生紫红色或呈紫罗兰色，非常美观。具有这些漂亮色彩的哥瓷，都是欣赏价值极高的珍品。各大窑口所烧的青瓷，哥窑色彩最为丰富。五彩缤纷的釉色是龙泉哥窑的主要文化内涵之一。

3. 开片。 哥窑的开片，纯属自然。根据开片的大小，有大、小开片之分，小开片称“文片”，大开片称“武片”；大开片中有均匀小开片的称之为“百圾碎”。根据片纹的形状和颜色，又有冰裂纹、蟹爪纹、鳝血纹、金丝纹、铁线纹、牛毛纹、蚯蚓走泥纹、菟丝纹、流水纹、叶脉纹等之分，其中蚯蚓走泥纹和菟丝纹不是开片纹，是厚釉中成色元素富集形成的。哥窑绝大部分有开片，无开片的极少，有人认为这是哥窑的顶级产品，颇值得商榷。笔者见到一个仅有四至五条直裂纹的粉青瓜棱瓶（俗称“白菜瓶”），完美无缺，极其稀有，是典型的溪口瓦窑垟窑产品，但釉面光泽度欠佳，说明烧成温度偏低。收藏界说“无片不成哥”是有道理的。

哥窑绝少金丝铁线，笔者在十余年的瓷片收藏中，仅发现三片具有较明显的金丝铁线特征。哥窑有金丝者较多，纯铁线者较少，均属自然产生，绝非人为染色。产生金丝、银丝或铁线的原因较为复杂，有烧成时与氧化、还原气氛有关，也与污染物有关，还与土侵、钙化有关。可以断定，人为染色产生的金丝铁线是仿哥窑的产品。哥窑完整器在使用过程中，如泡茶、盛汤水、盛墨汁或其

哥窑瓷片（俗称“夹心饼干”）

他颜料等，片纹会很快着色。各种开片、片纹、纹色也是龙泉哥窑的主要文化内涵。

粗泥饼垫烧

八、制作造型特征

哥窑制作造型有三大主要特征：一是模范成型，如各种式样的瓶、炉、壶，还有菱花式小碗、八角杯、熏炉等，约占总量的一半以上；二是依样制作，哥窑器几乎每一种器物都是按严格的要求制作的，造型要么根据图纸，要么根据实物式样，中规中矩；三是制作精细，可谓是挖空心思、绞尽脑汁、不惜工本。如双层台圈足的修足方式为龙泉哥窑最早发明，景德镇到清代才开始采用，这种修足方式需要精湛的技艺，且耗费时间。再如灵活采用支烧方式，根据需要，有的采用芝麻钉支烧，绝大部分采用垫饼垫烧。小器物常先置于垫碗内再放入匣钵中，在器物口上盖一垫片或垫碗，再叠烧其他器物，有的在垫片上覆烧一器物，

瓷质垫饼垫烧

双重半浮雕莲瓣纹盖罐残件（残宽24cm）

以防止变形、内外壁被污染，并保证受热均匀，然后装窑烧成。圈足高，壁薄且直，少数器物圈足外撇。

哥窑瓷器有“紫口铁足”现象，许多人将此作为哥窑的特征，实际上有紫口的器物只占少部分。口沿上盖薄瓷饼的器物有紫口，温度过高流釉造成口沿釉薄，由于二次氧化的原因也会产生紫口，二次氧化的紫口最为漂亮，但极为稀少。龙窑在烧成时温度、氧化、还原环境千变万化，不仅有紫口铁足，亦有紫口紫足、铁口铁足、铁口紫足等。铁口或铁足形成的原因是由于烧成结束冷却时二次氧化不完全生成四氧化三铁（Fe_3O_4）的缘故，紫口或紫足是生成氧化铁（Fe_2O_3）的缘故，Fe_3O_4呈黑色，Fe_2O_3呈棕红色。口与足烧成铁色或紫色还有一个前提条件，即胎中含铁量较高。

九、装饰纹样特征

最明显的特征是素面器物居多，注重器物的造型，祭祀用器基本上模仿青铜器造型，其他用瓷以器物的几何形状变化或模制成花瓣或瓜棱状克服过于单调的造型，以增强美感。

器物纹样主要以刻浮雕式莲瓣纹为主，也有刻浮雕式蕉叶纹；

复杂的纹饰采用青铜器普遍使用的如意云纹、饕餮纹、雷云纹和钱纹等；瓶、炉的耳多为龙耳、凤耳、鳌耳、象耳；炉足多为乳足、蹄足和如意足；盖纽有象纽、狮纽和荷叶蒂纽；有部分器物采用单朵梅花装饰，如在盏的内底贴一朵梅花，鼓钉炉两边对称的贴环上再贴一朵梅花，做梅花衔环状。

十、艺术成就

哥窑开片始出于天然，徐渊若称为“釉之病态”，今人称之为工艺缺陷，这是人们在追求釉色的深沉凝重与器物的精美轻巧过程中采用黑胎产生的必然结果，当时的宫廷中人以及达官显贵在使用过程中发现其有易破碎、渗水，裂纹被污染后难以清洗等缺点，逐渐被经改进工艺后的白胎厚釉精细瓷所替代。但哥窑以其造型典雅，制作精细，色彩丰富，釉质如玉，量少稀有，千变万化的天然开片纹从欣赏角度出发又极具观赏性而被后人推崇。

哥窑礼器仿青铜器的造型，是当时一流的匠师们在古青铜器造型基础上结合陶瓷烧制特点及朝廷礼制要求进行再创作的智慧结晶，礼器外的其他哥瓷造型也是匠师们殚精竭虑，经反复推敲，才成为经典造型而流芳千古。精美的造型和精湛的制瓷技艺是哥窑艺术之根本。

哥窑的釉色多姿多彩。各种单色釉瓷，只有哥窑才有这么丰富的釉色。只要釉面莹润、丰腴，各种釉色都有其独特的风格，符合人们不同的审美取向，使哥瓷拥有最广泛的艺术消费群体。开片和釉的质与色是哥窑艺术之魂。

龙泉哥窑之所以有如此魔力，极可能为御用瓷中最高等级的祭祀用瓷，若烧制的起止时间推测正确，龙泉哥窑始烧于宣和年间，此时，由于朝廷所为，汝官窑的乳浊釉配方随同北宋官窑制作技术一起输入龙泉，并在龙泉生根、开花、结果，龙泉哥窑的釉色、釉质、制作方式、支烧方式及部分器物的器形与汝窑一脉相承是很好的说明。与汝窑相同的一些器物，如盘、碟、纸槌瓶等可能是北宋晚期的产品，是根据《宣和博古图》制作的，一些与汝窑完全不同的器物，如各种花口瓜棱瓶、花口三足炉等是南宋中早期的产品，是根据《绍兴制造彝器图》制作的。因此，到南宋中早期，哥窑可能成为南宋官窑之一的内窑。通过对哥窑胎配方的改进，又烧制出釉色、釉质更为精美的白胎厚釉精细瓷，把青瓷烧制工艺推向了巅峰。通过大量生产白胎厚釉精细瓷，提高了龙泉窑的整体烧制水平，确立和巩固了龙泉窑的地位，其影响延续到元、明，并遍及南方的福建、江西、湖南、广东等省和东南亚、中东的许多国家，这是哥窑烧制技术对龙泉窑发展作出的杰出贡献。

弟窑由于哥窑而得名，最早缘起陆深的《春风堂随笔》，从明至清，有十几本古籍文献中提到龙泉哥窑和生一、生二制瓷，但均不见“弟窑”一名，只有清末寂园叟著的《陶雅》出现“弟窑”一名，其中

说道：“哥窑有粉青一种，较弟窑为幽艳。”并被后人所沿用。

弟窑之名与哥窑一样，学术界也颇多争议。笔者还是持与哥窑名称的由来相同的观点，不必细究，因为从现有的古籍文献和考古资料中去探究哥、弟两窑名称的由来且要确定是否有其事都是非常困难的，甚至可以说是徒劳的。

除《陶雅》外的其他古籍文献，为什么只提哥窑，不提弟窑，笔者曾百思不得其解，后从古人严谨的治学态度角度审视，发现古籍的作者们作过深刻思考，不提弟窑可能有两个原因：一是哥窑名称与兄弟各主一窑无关，若哥窑一名是由于“官”、“哥”读音混同而来（杭州方言的“官”与龙泉方言及杭州方言的“哥”读音基本相同），那确实与兄、弟各主一窑无关了；二是就兄、弟各主一窑而言，哥窑有生产黑胎瓷为主的窑址瓦窑垟，其他窑址生产黑胎瓷的量很少，以生产白胎瓷为主，与兄主一窑的情况相符，故可称“哥窑”。而生产白胎瓷的窑址数量很多，生产的量都很大，且质量都很高，与弟主一窑的情况不符，故不称“弟窑”，而称“生二窑”、“章窑”。再者，白胎瓷是龙泉窑的主流产品，又名“龙泉”。由此看来，古人对问题的审视是非常谨慎的。由于在窑址上发现了刻有“章”字的匣钵，哥、弟窑名称也可能与“兄弟说”有关，也为相传的生一、生二制瓷找到了些许可信的依据。

从龙泉窑南宋黑胎、白胎两类产品的特征来看，既有哥窑一说，弟窑相对哥窑而言作为某一类产品的表征性称谓还是比较确切的。首先是两类产品都为青瓷制瓷史上的顶级产品，在同一水平层次；再是二者的典型产品有明显的表征区别，一类是黑胎开片，一类是白胎不开片，可称兄道弟。因此，弟窑可以作为龙泉窑南宋白胎厚釉精细瓷的专称，或称南宋白胎厚釉精细瓷为弟窑型产品。宋以降至今，除高仿产品外的白胎或灰白胎青瓷，均不能称弟窑。

"河滨遗范"露筋花口碗

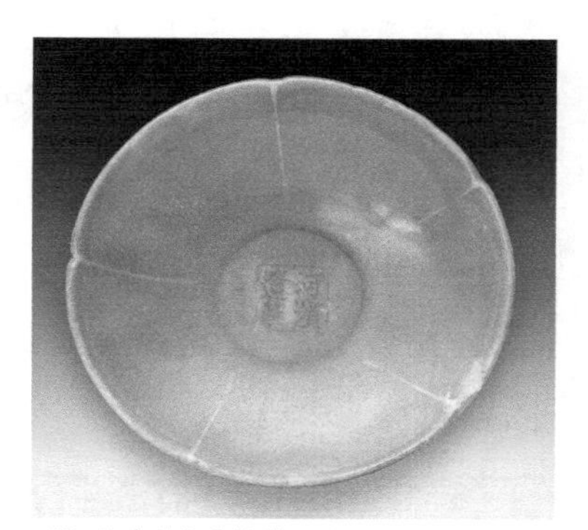

"河滨遗范"露筋花口碗

十一、器物类型

1. 饮食器皿、茶具、酒具。

（1）碗。大宗产品，式样有莲花口碗（此种碗凹口下的内壁多数有出筋或凸棱，出筋者外壁素面，凸棱者对应的外壁有凹槽）、素壁碗、莲瓣碗、盖碗、菊花口碗，内底刻

梅子青釉莲瓣纹碗

印“河滨遗范”、“金玉满堂”、“崑山片玉”方章碗等，上述碗式，尤以莲瓣碗产量最大。(2) 盘。大宗产品，有莲瓣盘、八角盘、菱花口盘、折沿盘、折唇洗、双鱼盘、掇环双鱼盘，其中以莲瓣盘和折唇洗产量最大，折沿盘口径最大的有25cm至30cm。(3) 盏（杯、小碗、盅）。大宗产品，式样有紫口盏、莲瓣杯、八角杯、莲蓬式杯、把杯、菱花式小碗、小盖碗等。(4) 壶。大壶较少见，多为小壶，式样有南瓜式壶、莲瓣纹壶，把均小，无执的功能，仅作装饰用。(5) 罐。式样有素壁荷叶盖罐、象盖罐、刻莲瓣纹的荷叶盖罐等。(6) 梅瓶。有刻花、素面和弦纹三种式样。

2. 照明用具有烛台、灯。 灯多为五管灯、式样有圈足盆式五管灯、如意足盆式五管灯、瓶式五管灯等，大的盆式五管灯直径有25cm左右。

3. 卫生用具。 有渣斗、熏炉、胭脂盒等。

4. 文房用具。 有笔筒、板沿洗、水盂、油盒、水注等。

5. 花鸟用具。 有花盆、花插、各种式样的鸟食罐、鸟食缸等。

6. 陈设用瓷。 有佛像、凤耳瓶、鱼耳瓶、穿带瓶、吉字瓶（净瓶）等。

7. 祭祀用器。 有豆、五管灯、觚、琮、出戟尊、瓶、炉等，瓶类有凤耳瓶、龙（鱼）耳瓶、贯耳瓶、弦纹瓶、纸槌瓶、直颈瓶等，炉类有樽式炉、福寿炉、贴花炉、八卦三足炉、鼎式炉、鬲式炉、菱花口

刻花盘（“南海一号”船上发现）

刻花碟

粉青釉折唇洗

敛口钵（“南海一号”船上发现）

鬲式炉、腹贴兽面的三足炉等。渣斗的功用及名称值得推敲，很可能是《中兴礼书》中记载的祭器尊中的一种，或是等级较低祭器（以燕器代替）中的盂，因此，渣斗应称尊或盂。

十二、胎釉特征

绝大部分为稍带灰的白胎，其次为香灰胎，亦有少量纯白胎器物。纯白胎器物釉面显得比较鲜嫩，也非常美观，随着胎色加深，釉面发色变得深沉凝重。有一类由于胎色较黑，釉面呈现偏灰的粉青，从发色角度看不算一流，但显得非常凝重，有很深的内涵，具极高的欣赏层次。弟窑型产品看上去多为施一次厚釉，釉层中多次施釉的痕迹较溪口黑胎少，有可能烧成温度较溪口黑胎高，釉层在高温下熔融在一起后看不出多次施釉的分界线。釉色以粉青、梅子青为主，亦有类天青色，几乎不见天蓝色，由于龙窑不同窑位的温度、氧化及还原气氛不同，也有黄和灰的各种不同色阶。

十三、制作造型特征

制作造型特征与哥窑基本相同，模范成型的器物较哥窑少，西南区的所有南宋鼎盛期窑址，几乎全部生产白胎厚釉精细瓷，形制几乎都按同一要求制作，可以说无粗瓷出现。圈足壁薄且直，极少数外撇，支烧方式与哥窑同。

十四、装饰纹样特征

装饰纹样特征与哥窑基本相同，花卉纹饰极少是其主要特征，采用最多的装饰手法及纹样是在器物外壁刻莲瓣纹。南宋晚期，开始在盘内底贴双鱼，在樽式炉外壁堆贴菊花、葵花和“福”、“寿”等字，还有少量器物具有北宋遗风，如南宋中晚期刻荷花游鱼纹的盘及模制的八卦三足炉等。采用简单的弦纹作为瓶、炉、尊的装饰，瓶颈两侧装鱼、象、龙、凤耳是独创的装饰手法。在熏炉等少量器物上采用了镂空技法，瓜棱瓶、靠壁瓶、挂瓶等采用模制成型。

十五、艺术成就

南宋白胎厚釉精细瓷有三大艺术成就，即青瓷造型艺术的高峰、制作工艺的高峰和追求釉面类玉效果的高峰，这三大艺术成就同时又是矗立于青瓷制瓷历史悠悠三千年岁月长河中的三座伟大丰碑。

弟窑型产品和哥窑一样，许多器物造型来源于青铜器。青铜器以其雄伟浑厚的造型，古朴繁密的纹饰和精湛的铸造工艺著称于世。青铜器从原始社会末开始产生到秦汉衰落，历经三千余年，其中尤以商晚期至周早期的制作工艺最为精湛，西周中期至春秋战国时期的青铜器也非常精美。南宋龙泉青瓷造型主要来源于这一时期的青铜器。如鼎炉仿商晚期的圆鼎，形状几乎完全相同；鬲炉仿商中晚期的鬲；簋式炉与西周晚期的筥小子簋式样最接近；觚仿商晚期的戊马觚；出戟尊仿西周早期的𣪘古方尊；爵杯、豆仿商晚期的妇好爵、豆；四方瓶仿战国末期的钫；长颈瓶、弦纹瓶、贯耳瓶及钟式壶等仿商、周、春秋、战国各代不同式样的壶或秦代的钟等。也有仿玉器的，如琮式瓶仿良渚文化的玉琮。这些仿青铜器和玉器造型的器物都是作为礼器或陈设用瓷，既体现了宋朝廷对古礼“尚质贵诚”、“以素为贵”的刻意追求，也是朝野嗜古之风盛行的体现。这些器物的造型，有的与青铜器造型完全一样，有的则根据瓷器烧制特点略作修改，舍弃了青铜器繁密的纹饰。哥、弟窑因刻意模仿青铜器，其造型艺术在青瓷制瓷史上是空前绝后的。

龙泉哥窑首创的四种制作、装烧工艺，也体现在弟窑型产品的制作、装烧过程中，只不过随着烧成技术提高和制作工艺进一步改进后，哥窑首创的四种制作、装烧工艺采用得比较少，但其产品的精细程度毫不逊色于哥窑，釉的发色和莹润程度甚至超过了哥窑，且釉面不开片，说明弟窑型产品的烧制工艺较之哥窑达到了新的高峰。

玉为石中之精英，不仅具有很高的欣赏价值，而且在中国历史上有着特殊的意义，玉文化普及面既广且深入人心，尚玉成为当时社会的普遍现象。玉是一种宝石，硬度高，加工难度大，用玉制作大量各种实用器皿是不可能的，因此，烧制出来的瓷器有如碧玉是使用者和窑工共同追求的终极目标。窑工们深知，只有厚釉才能如玉，但烧制厚釉又绝非易事，釉厚会使器物笨重又必须使胎薄，这更增加了烧制难度。在朝廷的要求和推动下，龙泉的宋代窑工成功了，不只是类玉，而是烧出了真玉的效果，使青瓷的釉有了独立的艺术功能，即使打破后的碎片也极具美感而令人为之倾倒。相比之下，对越窑和其他瓷种如冰似玉的描述是理想中作出的夸张描写，只具有文学修饰的效果，不可与龙泉窑具有玉质般效果的真实描述相提并论。弟窑型产品中的精品，是青瓷制瓷史上的极致产品。青瓷烧制在南宋达到巅峰，是南宋物质生产和文化高度发达的结果。

[叁]元明清时期的龙泉青瓷

世居草原的蒙古民族，于1279年完成了真正意义上的统一大业，形成了横跨亚洲、东欧的大帝国。大统一不仅奠定了中国疆域的规模，促进了中华民族大家庭的发展，而且在促进中外文化交流方面产生了巨大的作用。其“每屠城，惟匠者免”的政策，使民间各种手工业虽经长期的战争却未遭破坏，在战后得到迅速发展，成为朝廷重要的财政来源。元代特殊的时代背景，也必然对包括陶瓷在内的各种手工业的发展产生重大影响。

龙泉窑便是如此，在元横扫南方之时，由于南宋朝廷迅速崩溃，龙泉如世外桃源，未遭战乱，窑工们几乎感觉不到朝代更迭时巨大的社会动荡。各族人民之间的经济文化交往增加了，元朝廷比以往各朝更为重视对外贸易，这给龙泉窑创造了巨大的商机，使龙泉窑入元后得到了更大的发展，龙泉境内的窑址达到了330余处，周边县、他省及邻国仿烧的还有200余处，窑址数量较南宋中早期翻了一番，形成了庞大的龙泉窑系，如此规模一直延续到明中早期，这在各历史名窑中是极其罕见的，因此被誉为“民窑之巨擘”。龙泉窑在元时的蓬勃发展，也是与朝廷的重视分不开的。一方面宫廷和达官显贵继续使用部分龙泉青瓷，《元史》卷七四记载：“中统以来，杂金、宋祭器而用之。至治初（1321年）始建新器于江浙行省，其旧器悉置几阁。”元朝廷的祭祀用器也会用到瓷器，当时江浙行省烧造陶瓷还是以龙泉窑最为著名，因此，这一批祭器应是放在龙泉烧造的；更重要的是元朝廷为增加财政收入，组织窑工大量生产龙泉青

瓷出口，赚取外汇。

元代的文化，由于多民族大统一国家的空前扩大发展，草原游牧文化与中原定居农耕文化产生的碰撞、激荡到融合，东西方文化及多民族文化交流的广泛开展，以及宋金文化本身的发展等方面的交互影响，从而形成了其特有的成分多元、色彩绚烂、成就卓异的时代特点。反映在青瓷工艺上，肃穆、含蓄、略显封闭已久的南宋青瓷，开始骚动、装扮，展开了灿烂的笑容。元代的龙泉窑，釉色虽不如南宋的莹润，但还不失独立的艺术功能；造型虽不如南宋的严谨，但硕大、厚重的器形，却有着成吉思汗霸主的气魄与笃定；制作虽不如南宋的精细，但具有草原游牧民族粗犷、豪放的风格，而瓷器的装饰技法和纹样种类，则达到了青瓷制瓷史上登峰造极的程度，非常符合元代开放型经济的时代特点。

一、器物类型

1. 碗。 大宗产品，早期有莲瓣碗、印花莲瓣碗（内底心印花）、印花素壁碗（内底心印花），薄圈足刻花碗（圈足与碗形与南宋的薄胎厚釉精细瓷完全相同，内壁刻花，外壁光素无纹）；中期主要流行各种式样的印花或刻印花结合的印花碗、各种花口的刻印花碗、各种式样的贴花碗、露胎贴花碗、直径达40余厘米的刻印花碗；晚期又开始出现刻花碗，但刻花已无两宋之交时的遗风。

2. 盘。 大宗产品，早期有莲瓣盘、素壁八角盘、折沿盘、双

点彩高足杯

印花高足杯

印花高足杯

高足杯与八卦纹悬足炉套烧

鱼盘，中期有刻花盘、贴花盘、露胎贴花盘、印花盘、高脚盘（豆）等。直径40厘米至50厘米的刻花盘、贴花四鱼盘、贴花龙盘等，其中以露胎贴梅花龙纹盘最为精美名贵；晚期有菱花口盘，不具有两宋遗风的刻花盘，内底心刻印八思巴文的刻花盘等。

3. 杯（盏、小碗、盅）。 大宗产品，早期多为仿哥（官）窑的梅花盏、莲蓬杯、八角杯、素壁盏等；中期开始盛行高足杯，最初生产的高足杯足短、素壁，中后期足逐渐增高，以刻、印花、露胎阳文印花、点彩等技法装饰，花式品种极为丰富；晚期的高足杯圈足粗糙，杯壁厚，显得粗笨。

4. 壶。 有玉壶春形执壶、葫芦形执壶、方壶、点彩壶、扁壶、环式执壶等，有素壁的，但绝大多数以刻花、印花、贴花、露胎贴花等技法装饰，花色品种也非常丰富。壶毕竟制作工艺比较复杂，难度较高，故产量不大。

5. 罐。 早期有素壁荷叶盖罐、镐纹罐，中期开始盛行刻花、剔花、贴花、印花罐，以刻花、剔花缠枝牡丹纹和云龙纹大盖罐最为著名。产量最大的为各种大小不一的双系印花小罐，也有部分素壁无系小罐。有学者认为这一批小罐是迎合东南亚国家的民俗制作的，但究竟什么用途还是个谜。

6. 灯。 最为常见的灯通常被称为“省油灯”，小的省油灯一般高为8厘米至10厘米，为溪口窑区的产品，一般认为省油灯都为元代产品，实际上五代的淡青釉时期就已出现该种器物。东区安福窑场所产的省油灯非常精美，高18厘米，四层圆塔式底座，中间有一荷叶状托盘，托盘上为外壁刻莲瓣纹的油灯，该油灯豪华气派，肯定是为宫廷、官府或大户人家生产的。

双面刻花洗

关于省油灯的名称，颇值得商榷。绝大多数人认为省油灯设计科学，灯盘用于盛油，盘内短柱用于穿灯芯，灯盘下容器盛水用于降温，防止灯油挥发，起到省油的作用。笔者认为，古代用的是植物油，沸点高，无须考虑挥发损失。何况油灯为大户人家所用，也无须考虑省这一点油。灯盘下容器盛水降温，是因为瓷器易传热，时间一长会烫手，同时温度升高易着火。因此，称“省油灯”是不确切的，应称“灯”或“油灯”，底座高的称“高足灯”。

7. 烛台。 有碗式烛台和高足烛台。碗式烛台外形与研钵同，内壁有施釉的，也有不施釉的，内底装一短圆柱，圆柱上部微凹，有的有一圆洞，用于置烛，碗用于承接烛油。高足烛台与高足灯造型基本相同。

8. 卫生用具。 有渣斗、化妆盒（胭脂盒）、熏炉等。

9. 文房用具。 有笔筒、笔架、敛口钵（又称“敛口碗”，南宋时大量生产，元代较少，有人认为是洗，笔者推测可能为出口瓷，是按国外的需求而制作）、三足洗、蔗段洗、水盂、印泥盒、砚滴等。砚滴品种式样极为丰富，有舟、坐俑、立俑、童子牧牛、鱼、龙等形状的砚滴。笔架一般做成山形，有的笔架山峰间贴花缠枝藤花和云彩；有的则在峰底雕刻有楼屋，屋前崖边有栏杆，一位先生和两位童子（或是学生）站在栏杆边，似在观看远处的景色，画面与武夷山朱熹著书讲学处极为相似。

10. 陈设用瓷。 有佛像、佛龛，瓶类有梅瓶、玉壶春、镂空瓶、吉字瓶、凤耳瓶、鱼耳瓶、双耳衔环瓶等；最为典型的是刻花、剔花、贴花瓶，其中尤以剔花或贴花缠枝牡丹瓶最为著名，造型装饰特点明显，即以“三层工”形式出现，长颈多饰凸弦纹，亦有饰缠枝花纹，腹部主题纹饰均为缠枝牡丹，刻花、剔花、贴花均有，腹下部刻狭长有脊莲瓣，该式样的瓶规格很多，最大的高有70余厘米，如英国达维德博物馆展出的一件，高有72.2厘米，小的一般为28厘米左右。

11. 祭祀用器。 有贯耳瓶、出戟尊、琮式瓶、炉、八吉祥纹盘、八思巴文盘、夹层盘等。炉的种类式样最为丰富，有贴花缠枝牡丹三足炉、八卦炉、立耳（有方耳、绳耳、圆耳等）三足炉、簋式炉、樽式炉、各种刻花三足炉等。

12. 花鸟用具。 有花盆、花插、鸟食罐（缸或盘）。从窑址考察情况看，鸟食罐的品种多，产量大，形状、纹饰丰富，可见元代养鸟风之盛。

花盆

13. 明器。 五代、北宋、南宋早期盛行的五管瓶和与之配套的盘口壶，南宋流行的龙虎瓶等基本消失，代之的专用明器为楼宇式谷仓。楼宇式谷仓有方仓和圆仓两种，方仓因形状不似谷仓，而似亭台楼宇，较圆仓精美一些，存世量极少，方仓、圆仓成对出土的则更为稀少，目前仅见私人收藏的一对。

二、胎釉特征

典型的元釉，延续了南宋的风格，釉层厚、莹润、玉质感强，具有独立的艺术功能，但纯净、细腻的程度不如南宋，仔细观察，釉层不够透，比较混浊，似含有渣滓感。纯正的粉青、梅子青釉基本消失，有少量的类粉青釉、类梅子青釉。主流釉色为略带黄色调的豆青釉，有部分翠绿色的翠青釉，翠青为元代最漂亮的釉色。从总体上看，典型的粉青釉青、蓝中闪绿，梅子青釉绿中闪蓝，豆青釉绿中闪黄，翠青偏绿。釉色发生这种倾向性变化是有原因的，一是蒙古族是一个崇绿尚白的民族；二是元代青瓷以出口为主，而东南亚许多国家的人大多信仰伊斯兰教，即回教，回教徒崇尚的颜色为青绿色，这和华人崇尚红色一样。华人在庆祝新年和办喜事时，都是披红、挂红、包红包；而信奉回教的人庆祝节日或喜庆活动时，都以青绿色彩带装饰家居，分发青包。因此，是世界市场的需求促使龙泉窑瓷器的釉色发生了这种变化。约元中期开始，釉中钙的含量降低，钾、钠的含量提高，釉的流动性比南宋时更小，得以一次施成厚釉，因此既繁复费时，成本又高的多次施釉技术不再采用，只上一次厚釉或多次阴干多次施釉。釉配方的改进，使流釉现象减少，正品率大为提高，也使烧制大型器物成为可能。元中后期，由于阳文细线条印花和阴文细线条印花盛行，为体现纹饰的清晰度，釉层变薄，加上釉的品质下降，此时的釉几无独立的艺术功能。

胎料也没有南宋时的细洁，粗颗粒较多，但还未对釉面造成很大影响，当釉薄时，可观察到胎不很匀净。胎的含铁量普遍降低，使白度普遍有所提高。上严儿和竹口等好几个窑场也有胎色较黑的，但产品质量普遍较差。

三、制作造型特征

元早期，制作造型延续了南宋风格，中早期开始发生变化，这时，很有可能元朝廷也颁布了类似北宋的《宣和博古图》和南宋的《绍兴制造彝器图》的图样，各种匠作根据颁布的器形纹饰图样制作器物。

元早期延续了南宋的支烧方式，采用垫饼垫烧。元中期开始除部分器物继续采用垫饼垫烧外（此种支烧方式一直延续到明清），出现了一种新的支烧方式，即用碗形或盘形垫圈，垫托在器物圈足内，烧成后圈足裹釉，外底近圈足一圈无釉，形成涩圈，盘和大碗外底心有一块规整的圆形釉饼（此种支烧方式一直延续到明，越到后期器物外底心釉饼越不规整，有晕散感，碗和小盘的外底心到后期变成一个釉点，可称为“脐心底”）。垫圈口修得非常薄，似刀口，利于烧成后器物与垫圈分离，这可从许多器物外底留下的垫圈痕看出，有少量器物外底过满釉后再用垫圈托烧，烧成器物与垫圈脱离后，外底没有露胎的涩圈，但有一圈明显的极不规整的垫圈断痕。元中期还有一种沿袭了两宋之交时期采用泥饼垫烧的支烧方式，烧成后器物圈足裹釉，外底心无釉，这种支烧方式多出现在东区和金村窑区，大窑也有发现。许多人认为大窑用泥饼垫烧的都为明代产品，这是一个错误观点。元代，为节约窑位，提高产量，开始较多地采用叠烧方式，在较大的器物中叠烧其他较小器物的情况很多。盘的叠烧多采用露胎印花叠烧和露胎贴花叠烧，到明代，叠烧的情况更为普遍。

四、装饰纹样特征

元代龙泉窑的装饰纹样，较之两宋时期更为丰富，甚至比越窑、耀州窑、湖田窑等著名窑口都要丰富，可以说，元代龙泉窑的装饰纹样种类与装饰技法同样达到青瓷制瓷史上登峰造极的境地。元代龙泉窑的装饰纹样，大致可分三大类型：一是继承型；二是改进型；三是创新型。

1. 继承型的纹饰。 五代、两宋时期器物上出现的动植物类纹样，除极个别外，在元代几乎全部予以继承应用。

2. 改进型的纹饰。 两宋时期“满工”装饰的构图，因未作分层或分区块处理，有的由于纹饰过于繁密，有乱的感觉；有的虽作了分层处理，但层与层间隔小且纹饰繁密程度几乎相同，还是有乱的感觉。元早期完全继承了这种风格，约元中期开始对两宋时期“满

工”装饰器物的构图布局作了改进，采用了一种分层装饰方式，层与层间隔较大，且基本上遵循一疏一繁相间的原则，使器壁的纹饰显得层次分明，疏朗有致。

3. 创新型的纹饰。 大约从元中期开始，龙泉窑进入了刻花、印花一统的时代，此种情况一直延续到清末，光素无纹的器物有，但量较少。在这一时期，由于人们会绞尽脑汁地去构思新颖奇特的图案纹饰来美化瓷器，因此产生了许多新的图案纹饰，这些新的图案纹饰必定带有鲜明的时代文化特征和社会印记，这为我们研究元代的社会、历史和文化，研究元龙泉窑的特征及窑业的生产关系等方面问题提供了一定量的信息。创新类型的纹饰有自然题材纹样，如花卉瓜果、兽禽昆虫和山水等。有宗教题材纹样，如八仙、八吉祥和卐字纹三种。此外还有人文方面的题材。

五、艺术成就

元龙泉窑的艺术成就突出表现在以下三个方面：

1. 对胎釉配方的改进，使烧制大型器物成为可能。 烧制出的大盘、大碗符合伊斯兰地区人民将食品放在大盘、大碗中席地围食的习惯，符合马欢在《瀛涯胜览》中所记“波斯人用盘盛其饭，浇酥油汤汁，以手撮入口中而食”。符合元代宫廷、官僚及少数民族的贵族们宴享时盛放烤乳猪、烤全羊的要求，拓展了销路。釉配方的改进，使一次施釉就能达到厚釉的目的，减少了制作工序，提高了生产效率，在较短时间内得以完成订货生产，适应热销的外贸市场。

2. 充分运用陶瓷装饰技法，使装饰技法达到了中国青瓷史上登峰造极的境地，在实践中还新创了露胎贴花装饰技法。 露胎贴花是窑工们在瓷器叠烧过程中发现器物内底露胎处不美观，采用了露胎阴文印花以弥补不足，但效果还是不佳，又发明了露胎贴花，从许多露胎贴花标本上可发现露胎贴花与叠烧器物分离后的痕迹。窑工们又发现叠烧后的露胎贴花颜色较淡，火石红不均匀，且露胎贴花上常有叠烧器物留下的圈足痕，也不美观。于是，当露胎贴花作为成熟的装饰技法应用时，就不再在露胎贴花上叠烧了，与青瓷交相辉映的具有鲜亮紫红色的露胎贴花在大窑出现了，并得到了较普遍的应用，其中露胎贴梅花、龙纹大盘是元代龙泉窑的极品。各种装饰技法和纹饰的运用，使龙泉窑更具鲜明的个性和独特的风采。

3. 精美绝伦的楼宇式谷仓、滴舟、佛像类青瓷的烧制成功，使青瓷的烧制技艺达到了新的高度。 虽然元代龙泉窑总体质量不如南宋，但就此类青瓷而言，较之南宋有过之而无不及。代表器物有方形和圆形的楼宇式谷仓、滴舟、佛龛、佛像等。尤其是楼宇式谷仓，其连接圆柱和双重屋檐的精巧的曲链式支架，在高温下能支撑住屋顶的重量而不变形是难以想象的，曲链式支架不仅精美，从力学角度分析也非常科学，元代窑工的制作和烧制水平之高超，由此得到

了充分体现。楼宇式谷仓虽为明器，但其巧夺天工的极其精细复杂的制作工艺和具有南宋风格的真玉釉面，令人叹为观止，具有极强的艺术冲击力。

龙泉窑由于元后期十七年的战乱影响（红巾军两次攻入龙泉），国内外市场萎缩，产量减少，质量下降，渐成衰败之象。朱元璋建立大明王朝后，虽百废待兴，却还要把主要精力放在扫除元朝的残余势力和镇压各地此起彼伏的农民起义上，直到洪武二十年（1387年）才平定了蒙古，消灭了元朝的残余势力。战事影响了经济发展，造成明初的朝廷财政拮据，宫廷的各方面开支节俭，不敢奢侈。元代的蒙古民族崇尚白色，宫廷以用白瓷为主，不知何因，明初的洪武、建文、永乐等皇帝也喜用白瓷。近十年来，南京明故宫遗址出土了大量瓷片，绝大多数都为卵白釉瓷。由于得不到宫廷的垂青和江西景德镇窑的不断兴起，此消彼长，龙泉窑继续走下坡路。因此，在一般人眼里，龙泉窑到明代已开始衰落了，绝少精品。

明初，龙泉窑虽在走下坡路，随着社会逐渐稳定，经济复苏，国内外市场需求开始升温，产量依旧很大，仍不失为民窑巨擘。另一方面，龙泉青瓷由于国际市场的需求和宫廷需要，仍然得到朝廷重视。

《大明会典》卷一九四“陶器条”记：“洪武二十六年（1393年）定：凡烧造供用器皿等物，须要定夺制样，计算人工物料。如果数多，起取人匠赴京，置窑兴工，或数少，行移饶处等府烧造。”《明宪宗实录》卷一记：成化元年（1465年）正月乙亥，诏：“江西饶州府，浙江处州府，见差内官在彼烧造磁器，诏书到日，除已烧完者照数起解，未完者悉皆停止，差委官员即便回京，违者罪之。”上海博物馆陆明华考证明制，得出这两条记载说明了龙泉从洪武二十六年至成化元年一直在烧造宫廷用瓷的结论。

据史书记载，郑和七下西洋每一次都要带许多礼物代表明朝皇帝送给沿途各国的国王和苏丹，因许多国家的首脑都非常喜爱青瓷，因此礼物中必定有龙泉青瓷，且量不会少，在郑和七下西洋的二十余年时间里，龙泉也就一直在生产郑和的国礼。1960年对牛头颈山编号为Y6的龙窑及2006年对枫洞岩窑址的发掘及对其他窑址的调查，都证明明早期龙泉确实生产了一批异常精美的青瓷，这批瓷器有的是宫廷自用，有的是作为朝廷的国礼。

碗（内底有涩圈）

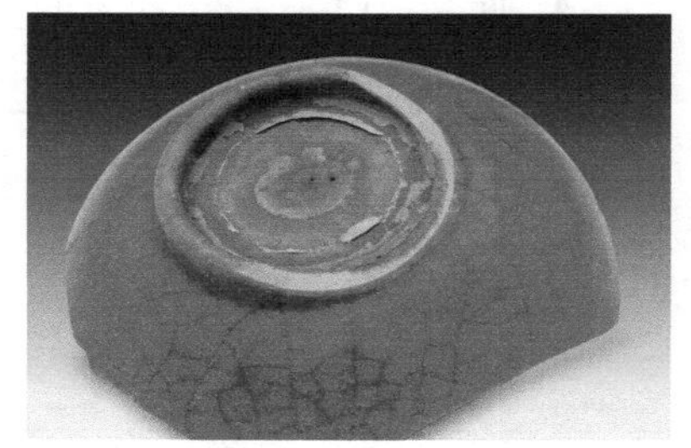

明早期墩子碗

六、器物类型

1. 碗。 （1）墩碗，有深腹

和浅腹两式，每式又有素面和刻花或雕花两种，最大口径有40厘米以上，以18厘米和27厘米两种规格居多；（2）敞口刻花碗；（3）撇口碗，有素面和刻花两种，造型美观、灵动。

2. 杯。 只发现外壁刻五爪龙纹的高足杯。

3. 盘。 有素面和刻花或雕花两种，形制上分三式：（1）圆口盘；（2）圆口折沿盘；（3）菱花口折沿盘，目前发现的有十八、十六、十四、十二出花口，十八出花口盘直径有60余厘米，十六出花口的为50余厘米，依此类推。浙江省博物馆陈列的素面圆口盘，为北京故宫博物院调拨，直径有70厘米左右。

刻花盘

4. 瓶。 （1）梅瓶，有素面和刻花两种。带盖梅瓶通高45厘米左右，足径12厘米至13厘米，口径5.8厘米至7厘米；（2）玉壶春瓶，有素面和刻花两种，高31厘米至33厘米，口径8厘米至9厘米，足径11厘米至13厘米。

5. 执壶。 有素面和刻花两种，壶体与玉壶春相同，曲柄长流，流与颈之间以刻云纹的云形横片连接。

6. 洗。 （1）花口洗，五出凹口，内底壁刻花，外壁饰两圈乳钉和两圈凸弦纹；（2）三足洗，蹄足，外壁雕花，口径30厘米。

7. 大花盆。 底径32厘米，壁厚4厘米至5厘米，外壁雕花，根据壁斜度推算，口径有60厘米至70厘米。

8. 缸。 根据口沿及腹壁弧度推算，口径在120厘米左右，壁厚4厘米至5厘米，素壁，口沿制作规整。

9. 盖罐。 有素面和刻花或雕花两种，亦有印花，盖有盔形和荷叶形两式。

10. 烛台。 如出土于江西的烛台，六角形刻花，雕花底座，座上堆塑一只卧虎，虎背上为带有托盘的烛台，制作精美。

11. 鼓凳。 又称“座墩”，龙泉窑明时始出现的新器形，通常高在40厘米左右，腹径30厘米左右。北京故宫博物院藏的镂雕鼓凳最为精美，首都博物馆藏的刻花鼓凳也非常精美（见朱伯谦《龙泉青瓷》）。这两只鼓凳可能是宫廷定烧之物，为明早期的产品。

七、胎釉特征

1. 胎。 绝大部分为稍带灰色的白胎，少部分为灰胎。

2. 釉。 以豆青为主，豆青分两种色调，一种为豆荚或豆未成熟时呈绿色调的豆青，另一种为豆荚或豆接近成熟时稍带黄色调的豆青，前者类生菜色，不老气，欣赏价值不高，后者是继粉青、梅子青釉之后名列第三位的龙泉青釉（翠青釉虽比豆青釉漂亮，但量极少），有较高的欣赏价值；有极少量的类粉青釉，类粉青釉有南宋粉青釉的色调，但釉质远不如南宋，既不细嫩又不滋润，没有“粉”的感觉。基本上施一次性厚釉，不再采用南宋官窑的多次施釉法。为使釉厚，可能在第一次过釉自然风干后，会再上一层釉，但这与南宋官窑的多次施釉有本质的区别。

八、制作造型特征

器形硕大，比元代器物有过之而无不及，器物总体风格比宋元时粗笨，主要表现在圈足较粗糙、器壁较厚两方面。瓶、壶等采用垫饼垫烧；碗盘等采用碗形或盘形垫圈垫烧。根据器物大小不同，同种垫具也不尽相同。各种垫具、支烧具是古代窑工在不断总结经验教训的基础上逐步改进的，种类式样非常丰富，这是研究古陶瓷工艺的新课题。

九、装饰手法及纹样特征

以刻花和雕花为主，此时的刻花与两宋和元时不同，由于纹饰繁密，构图严谨，有特殊要求，须经过细线描画后再行刻花或雕花。

主要特征是：纹饰繁密，构图写实，布局有序，密而不乱。图案纹饰布局延续了元代的分层装饰方式，不同的是层与层间较元代基本空隙少，反映在画面上，元代纹饰层次显得更为分明。

1. 口沿，瓶颈的纹饰。　盘的折沿多为锦纹、短直线纹、缠枝花纹、卷草纹等；碗及圆口盘近口沿一圈有缠枝花纹、回纹、曲带纹、云纹和海水纹等；玉壶春瓶颈的纹饰多为蕉叶纹；梅瓶颈部纹饰多为秋葵纹。

2. 中层纹饰（瓶腹、碗盘的内外腹壁）。 梅瓶多为碧桃翠竹纹；玉壶春瓶有太湖石树木纹、围栏庭园芭蕉花草纹；执壶有围栏庭园芭蕉竹石花草纹、串枝葡萄纹、折枝桃纹等；盘的内外腹壁有石榴花、菊花、月季、束莲、萱草、牡丹、番莲、牵牛花、山茶、灵芝、栀子、石榴、枇杷、樱桃、柿子等花草水果纹，还有莲托八宝纹等；墩子碗内壁为折枝莲、牡丹、山茶、扁菊、桃花、枇杷、月季、荔枝、山楂、石榴花等花果纹，外壁为缠枝月季、缠枝牡丹、菊花、山茶、石榴花、桃花、水草等花草纹。

3. 下层纹饰（盘、碗的内底纹饰）。 梅瓶多为灵芝纹，亦有窄莲瓣纹；玉壶春瓶和碗外壁的下层纹饰多为宝相花瓣和窄莲瓣（变体莲瓣）纹；敞口碗内底刻折枝双桃，折枝苹果、葡萄等；墩子碗内底刻山茶、灵芝、莲花等；大盘内底纹饰最为丰富，有枇杷、牡丹、仙桃、月季、芍药、芙蓉、葡萄、桂花、山楂、荔枝、缠枝莲、石榴、束莲等，还有杨柳枯树萱草纹、松竹梅纹、松石纹等。

4. 圈足纹饰。 多为缠枝花纹、曲带纹、回纹等。

十、艺术成就

龙泉窑明初精品主要有两大艺术成就：

1. 大型器物烧制达到新的高度。 元代的大型器物烧制已经达到非凡的成就，如30余厘米的中型盘已大批量生产，40余厘米的刻双鱼大盘也不少见，亦有口径达50厘米至60厘米的；土耳其托普卡帕宫博物馆藏的元贴花大碗口径达40.3厘米；英国大英博物馆展出的缠枝牡丹瓶高度达72.2厘米。在元代烧制工艺的基础上，某些大型器物的烧制在明初又有了发展，如最大的盘直径达70余厘米；据双渔瓷庄主人王诒兄说，他二十年前在安徽看到一明初大盘，直径有136厘米；大缸壁厚4厘米至5厘米，口径达120厘米左右；大花盆壁厚3厘米至4厘米，口径达60厘米至70厘米。明代大型器物的器壁厚，相同大小器物的器壁比元代器物厚近一倍。根据残件推算，大缸的重量有二百余斤，大花盆的重量有近百斤，70余厘米的大盘重有七八十斤，更为结实耐用。这些特大、厚实、精美的器物烧制成功，表现了高超的制作、装饰技艺和烧成技术，至今难以逾越。

2. 构图纹饰创新的美学意境。 元代的许多纹饰已表现出由写意向写实转变的倾向，多以印花为主，明初精品瓷的许多纹饰已完全呈现出写实的纹饰，具有工笔画的韵味，显得更为规矩工整。每一种产品的图案纹饰，都经过别具匠心的精心设计，传统纹样与创新纹样合理搭配，巧妙运用。层与层纹饰互不相同，既密实又不乱。元中后期的繁密纹饰，许多图案设计明显吸收了伊斯兰文化成分，而明初的图案纹饰则完全是中国化的。繁密的中国化的图案纹饰，既符合伊斯兰国家文化的审美取向，又向世人展示了大明文化，使他国人民能感觉到浓郁的异国情调。一件件大盘、大碗，既是实用器物，同时又是一幅幅精美的图画，使人赏心悦目。从图案纹饰上虽看不出异国文化的影响，但繁密的纹饰又使人感觉到整个构图已融入了异国文化，并有元文化的延续，正是这种有意无意中的多种文化的融合，使这些图案纹饰具有鲜明的时代特点，创造了青瓷构图纹饰新的美学意境。这些构图纹饰，前无古人，后无来者，成为一段历史的定格。

龙泉窑在明初闪耀了最后一次光芒后，就极少得到朝廷的雨露滋润。随着景德镇窑业不可阻挡的兴盛，各种五彩缤纷的瓷器越来越受到世人的喜爱，世界各地从明、清沉船上打捞出的各种瓷器和土耳其托普卡帕宫后期收入皇宫的各种瓷器数量，龙泉青瓷所占的比例越来越小。而此时的龙泉窑既没有吸收和借鉴外窑系的先进制瓷技术，又没有大胆进行创新，只一味在传统的路上走，使路越走越窄，终于无可奈何花落去，只能在市场经济的大潮中被动地经受着严酷的大浪淘沙。

虽然明穆宗隆庆帝取消海禁后，龙泉青瓷出口量一度增加，《龙泉县志》记载："崇祯十四年（1641年）七月，由福州运往日本瓷器27000件，同年十月有大、小九十七艘船舶运出龙泉青瓷30000件，

在日本长崎上岸。”说明龙泉青瓷在海外还有较大市场，生产能维持较高的产量，其中也不乏一些制作规整的器物，但已失去了往日耀眼的光芒，无法与明早期的精美产品相比。嘉靖《浙江通志》记载：“自后器出于琉田者已简陋利微，而课税不减，民甚病焉。”从中可看出龙泉窑此时已严重衰退。龙窑数量由明初的二百八十余处减至一百六十余处，到明末清初只剩七十余处。

宋、元、明早期的正品青瓷，由于价格昂贵，只供皇室、达官显贵和富豪商贾使用或供出口，普通百姓只能望瓷兴叹，用一些残次品或陶制品，各地墓葬出土情况和芦田发现的南宋陶窑可以说明这一点。衰落期的明龙泉青瓷，有一批制作粗糙的碗、盘、罐、瓶等，价格低廉，其消费对象显然是普通百姓。明龙泉窑也正是依赖有限的国际市场和广阔的民用市场，才得以勉强延续生存了几百年。

下面将衰落期明龙泉窑的器物类型、纹饰、胎釉及制作造型特征作一综述：

1. 碗。 大宗产品，品种极多：（1）菊瓣纹碗，外壁从口沿至圈足刻细密的菊瓣纹，内壁光素，内底心刻简易的变体莲瓣纹。（2）刻花碗，外壁近口沿有回纹一圈，内外壁刻简单纹饰。（3）顾氏碗，内底心阳文印篆书“顾氏”二字。（4）历史人物故事碗，大的口径有20余厘米，一般为15厘米至18厘米，小的仅10厘米左右，制作粗

菊瓣纹碗

持莲童子纹碗

人物故事碗

笨，内壁模印历史人物故事的题材，内容有姜太公钓鱼，孔子哭颜回，李白攻书卷，昭君、韩信及蔡伯喈、赵贞女等。（5）人物诗词碗，反映清心寡欲的生活，内壁模印人物的五个生活情景，并各配一句诗，如“爱月夜眠迟”，“惜花春起早”，“养花香满衣”，“掬水月在手”，“晨昏一炷香”。（6）婴戏碗，内壁模印两童子持莲戏耍。（7）印花碗，内外壁光素，内底心阴印各种朵花或文字。（8）仙鹤碗，俗称“天鹅碗”，内壁模印以鹤为主题的纹饰，制作极粗糙。（9）素壁碗，内外壁及内底均光素无纹。（10）吉祥语组合碗，每个碗内底刻印一字，多为四个字组合成吉祥语，买卖时以四个碗为一套出售。吉祥语有“金玉满堂”、“长命富贵”、“荣华富贵”、“福如东海”、“寿比南山”等。

2. 盘。 大宗产品，常见的有下列几种：（1）菱花口刻花盘，产量很大，规格齐全，有口径达40厘米至50厘米的，亦有20厘米至30厘米的，尤以10厘米至15厘米的小盘产量最大。有的双面刻花；有的内底印花，内壁刻凹槽，外壁光素。菱花口不规矩，多为垫圈托烧，也有泥饼垫烧。（2）素壁盘，口径为10厘米至15厘米，敞口圆唇，弧腹平底，内外壁及内底光素无纹，有的内底心印花。（3）折沿素壁盘，形状与南宋双鱼洗相同，内底心阴印朵花，多为泥饼垫烧。（4）刻花盘，外壁光素，内底及壁刻花，各种规格均有，大的口径有45厘米左右。（5）六角刻花盘，内底及壁刻花，外壁光素，量较少，大的口径有20厘米至30厘米，小的仅10厘米左右。

3. 杯。 大宗产品，生产最多的为高足杯，品种式样极为丰富，绝大部分制作粗糙。从各地出土极少的情况看，高足杯为外销瓷。其他式样的杯质量都

杯

较为一般，不一一赘述。

4. 壶。 大窑和安福窑区有较多量的生产，明中晚期精美的玉壶春形壶已不再生产，代之以造型普通笨拙、制作较为粗糙的各种不同规格的壶。大的壶可盛酒750克左右，较小的应为茶具，最小的作为文房用的水注。

5. 罐。 品种较多，有：（1）大盖罐，腹径30厘米左右，绝大部分都有刻花或印花，有荷叶盖和盔形盖两式。从罐腹壁上刻有“清香美酒”或“美酒飘香”的文字看，其功用为贮酒器。（2）小盖罐，腹径5厘米至8厘米，产量很大，有少量刻花，绝大部分光素无纹。有荷叶盖和平盖两式，也有宝珠纽盖。从墓葬出土的许多小罐中盛有稻谷看，作为明器是其用途之一，因此民间称之为“五谷罐”。（3）将军罐，笔者收藏的高为18.5厘米，口径7.5厘米，腹径14厘米，足径6.8厘米，因宝珠纽盖似将军盔帽而得名，为佛教僧侣盛骨灰的器物，因此存世量极少。《中国古陶瓷图典》记载将军罐初见于明代嘉靖、万历朝。笔者收藏的将军罐釉色葱绿，刻花，制作规整，釉面布满裂纹，与明代龙泉窑不同时期的产品比，应属于明中后期的产品，与上述记载相符。明代罐的品种式样较为丰富，其中釉色青绿、制作规整的有较高的收藏价值。

6. 灯。 有油灯和烛台两种。油灯数量很少，烛台发现较多，可能原因是当时冶炼技术提高，铁、铜等金属价格大幅降低，油灯以

铁、铜等金属材料制作为主。也可能照明用油料稀缺且贵，以用蜡烛为主。古代烛油主要取自乌桕树的果实，乌桕树适应性广，在我国南北方均可种植。烛台有碗形烛台、高烛台、镂空烛台等。

7. 盒。 盒内有三个小杯的可明确为化妆盒，盒内无小杯的既可作文房用的印泥盒（又称“油盒”），也可作化妆用的胭脂盒或粉盒。明代的盒虽不如宋元时期的精美，但制作还算规整，釉色青翠，刻花纹饰清晰的具有较高的欣赏价值。

8. 渣斗。 极少见。用餐使用渣斗一般来说都为达官显贵，小县城的乡绅没有如此讲究。明中后期龙泉窑以生产民用瓷为主，自然就很少生产渣斗了。也可能此时使用食具的习俗发生了改变，以小盘代替了渣斗。

9. 笔筒。 量少，有一种镂空笔筒，在器壁上根据花卉纹饰或几何图形镂空，新颖别致。

10. 笔洗。 可明确定为笔洗的器物尚未发现，在龙泉城区华楼街改造建设工地上发现明中后期的圈足，足径5厘米，足壁厚0.5厘米，外底心有一釉点，釉点外露胎处墨书“文房置用”四字，字体工整，内底印花，看不出是何种器形，从形状看就是一个碗底。以碗代替笔洗的可能是有的，但碗是极为普通的器物，无须书“文房置用”四字，据此，明中后期应有专用青瓷笔洗。

11. 水注。 各种式样的小壶，容量很小，其功能应是文房用品中的水注。

12. 花、鸟用具。 花盆较多，大小不同规格，素面、刻花均有。花盆托、花插、鸟食罐（缸、盘）等未曾发现。

13. 炉。 产量较大，各种规格式样的炉品种十分丰富，传世、出土较多，可见当时民间宗教活动极为兴盛、频繁。大炉口径有30厘米至40厘米，供寺庙、祠堂用，小的仅为8厘米至10厘米，可能为家庭供奉小佛像、小神像用。许多老房子的炉灶所靠的墙壁上都有神龛，里面置灶君娘娘像，虔诚人家主妇每天早上生火前都要上香。常见的炉品种有：（1）八卦纹兽足炉，口径20厘米至40厘米，唇口稍内敛或内折沿口，炉体扁圆形，弧腹，兽面足，器外壁刻八卦纹，有的八卦纹上方近口沿处刻云纹，下方刻波涛纹，内底无釉处大多刻有“人”字。（2）刻花樽式炉，蹄足（半圆足），直口或内折沿口、筒腹，外腹壁刻各种花卉纹，内底大多无釉。（3）素壁樽式炉，除足为如意足外，形制同刻花蹄足炉。（4）竹节如意足炉，器身做成竹节状，一般为两节，多见于小炉。（5）刻花兽足炉，形状同八卦纹兽足炉，最大的炉口径有45厘米左右。（6）素壁兽足炉，器形、大小与刻花兽足炉同。（7）吊脚炉（悬足炉），大小规格均有，大的口径有20厘米左右，小的口径8厘米至10厘米，有的制作粗糙，制作精细的令人爱不释手。形制一般为内折沿口或直口，筒腹，器外壁有的刻粗弦纹，有的刻花，素壁居多，平底或圈足。假足悬空，故称“吊脚”或称“吊

足”、“悬足”，只起装饰作用。吊足绝大部分为蹄足，亦有如意足。（8）鸡腿炉（鬲式炉），器形仿青铜器鬲，乳足稍长，似鸡腿，俗称“鸡腿炉”。炉外壁有刻花和素壁两种。大小均有，一般口径在10厘米左右，器形美观大方，纹饰清晰，釉汁好者价格昂贵。（9）鼎炉，器形仿青铜器鼎，有长蹄足和长兽头足，有的足尖夸张地上翘。足为柱足的又称“笔管炉”或“葱管炉”。有的炉口上装有两个方耳或绳耳。（10）熏炉，较少见。

14. 瓶。 常见的有：（1）双耳衔环瓶，式样较多，绝大部分素壁，刻花的较少见，有鼓腹和筒腹两种。（2）福寿瓶，海棠花口，扁腹，大多数由模制黏合而成。腹壁阳文印“福”、“寿”两字及缠枝花纹，大的高有18厘米至24厘米，小的高仅6厘米至8厘米。绝大多数制作粗糙，无美感可言，可能仅作为明器用。（3）刻花瓶，大小规格均有，品种式样丰富，通体刻花，多为三层工或四层工。

此外，还有笔架山、砚屏、佛像、动物俑、农村妇女搓麻索时蘸水用的麻鼓及�等。由于明代龙泉窑烧制范围广，量大，再由于专家、学者及藏家对衰落期的龙泉窑重视不够，致使还有许多器物未曾面世，必定有不少遗漏。

由于未发掘过清代窑址，清代墓葬几乎不用青瓷陪葬，小梅镇清溪孙坑窑的两处窑址上均盖了房子，清代龙泉窑的生产情况无法考察，因此考古资料十分稀缺。虽然一直十分注重搜集清代传世品和建筑工地出土的清代瓷片，虽有一些积累，其中不乏一些新的器形和制作精良之物，但还是十分有限。

前文述及《龙泉县志》记载崇祯十四年（1641年）还有27000件龙泉青瓷运往日本和30000件青瓷运出龙泉，说明此时龙泉窑产品在海外还占有一定的市场。清建国于1616年，初称“后金”，1636年改国号为“清”，1644年入关，同年明崇祯帝自缢于万寿山（景山），因此，1641年正处于明亡清兴之时，由此可推断清早期或中早期，还会有一定数量的龙泉青瓷出口，龙泉窑业仍具一定的规模。窑址调查表明，清早期，有窑址70余处，与上述推断相符。原来认为在浙江平湖乍浦发现的青瓷为当地仿龙泉窑的产品，现在由于发现这批青瓷与孙坑窑的瓷片标本如出一辙，学术界已承认“乍浦龙泉”就是龙泉孙坑窑的产品。孙坑窑两处窑址的窑场面积分别为2000平方米和1200平方米，同时生产青瓷和青花瓷，也可能早期生产青瓷，晚期生产青花瓷，青瓷类器物有瓶、盘、罐、壶、炉、笔筒、帽筒、高足碟（豆）等，以陈设瓷居多，碗、小盘等日用器皿几乎不见，可能市场已被白瓷、青花瓷和彩瓷所占领。在广袤的杭嘉湖平原上，单从乍浦发现较多的清代龙泉青瓷，这是一件奇怪的事，这些青瓷很可能是某个商号采购的准备通过乍浦港销往海外的产品。

综观清代的龙泉窑瓷器，比明晚期东区和竹口窑区的许多产品要规整许多，这是由于入清后经济得到恢复和发展，瓷器的质量也随之有了一定的提高。随着景德镇瓷器越来越受到人们的欢迎，其制作技术必然输入龙泉，清末民国时期，金村、宝溪、八都、南窖、瀑云、城区的宫头等地都在烧造青花瓷、彩瓷和白瓷，在景德镇瓷器巨浪的冲击下，龙泉青瓷终于在清末退出了历史舞台，光绪年间的龙泉青瓷已不堪入目就是明证。

十一、器物类型

1. 瓶。 常见的有：(1) 凤尾瓶，生产量很大，故传世品较多。规格从十几厘米到六七十厘米均有。形制几乎千篇一律，喇叭形口颈，圆唇，口沿下翻，溜肩，椭圆腹稍鼓，下腹近底处内束，圈足外壁及底无釉，颈腹刻花。(2) 梅瓶，有较多量传世，高25厘米至30厘米，小喇叭口，圆唇，口沿下翻，短束颈，溜肩，暗圈足，上腹稍鼓，腹壁刻花。笔者收藏的梅瓶高26.5厘米，口径7.5厘米，足径8厘米，瓶壁刻一株牡丹和两支竹子，牡丹枝杈上有一欲飞的凤凰，牡丹凤凰图案生动活泼，栩栩如生，竹子主干构图与刻工粗陋。勉强能称梅瓶，是与梅瓶有几分相似，但不能与宋元时期梅瓶的造型相比。(3) 刻花方瓶，口颈与梅瓶相同，腹与圈足制成方形，较少见。(4) 小口刻花长颈瓶，小口长颈球腹，颈与腹刻花数朵。此外，还有刻花八卦瓶和其他一些刻花小口瓶等。

2. 炉。 清早期的炉有明显的明代遗风，釉色青绿，刻花。到中后期，青绿釉几乎不见，以青中泛灰釉居多；刻花少见，以素面的居多；形制变化不大，以外折平沿口，束颈，弧腹，平底为主。足有短柱足、兽面足等。

3. 壶。 较少见。笔者收藏了一个相当精美的残破的提梁壶，形制为六角圈足，短直口，六角平肩，肩上装饰两个对称乳钉，壶体六棱，有六个凸弧面，六个弧面相间刻三组花卉和文字，文字与相应的花卉为："春兰有异香"，图案为一丛盛开的春兰；"夏竹引风凉"，图案为一丛茂盛的竹子；"秋雨多佳色"，图案为一株小阔叶树。釉色青中泛黄，壶的流与提梁已断，被安上了锡流和铁丝提梁，制一个与口密合的精细木盖，用麻索系在提梁上。有如此多的残破也舍不得丢弃，可见主人对这一把壶非常看重。

提梁壶

提梁壶

4. 罐。 有刻花和素面两种，传世较多，体形较大，绝大部分为清晚期的产品，釉面多有细碎片纹。尽管罐的制作难度不大，但多数的罐都为上下两段分别成形后黏接烧成，说明制作水平低下。龙泉青瓷博物馆藏的鼓形盖罐，高11.5厘米，腹径近12厘米，盖和近底处各饰一圈鼓钉，造型较为美观。

5. 碗。 清代的碗发现很少，仅有荷叶碗一种（龙泉青瓷博物馆藏），碗沿做成荷叶形，且为外折宽沿。这种碗不大可能是食具，很有可能是笔洗或供碗。清代龙泉瓷碗极少的原因可能是当时制作水平低下，笨重且价格较高，景德镇瓷碗

刻花杯

人物笔架

麻鼓

轻巧，价格合理，受到老百姓的普遍欢迎，因此青瓷碗已全部被景德镇瓷碗所替代。

6. 盘。 餐桌上用的盘也与碗一样，几乎未见，可能也被景德镇瓷盘所替代。目前发现最小的也有二十余厘米，大的有三四十厘米，这些较大的盘为陈设瓷或放在供桌上置放供品用。

7. 高足碟（豆）。 有较多传世，制作规整，其主要特征是内底及壁刻花，高足为上小下大的筒足。

8. 盖盏。 盖作环形钮，半圆形拱盖，盖内有子口，盖面刻对称的花叶纹，为简化的牡丹花。盏有母口，直弧腹下收，双层台圈足，腹刻与盖相同的花叶纹，釉色青中泛黄，圈足底褐红色。器壁较薄，制作规整。

9. 帽筒。 分有底、无底两种，笔者收藏的有底帽筒高为20厘米，筒径10.7厘米，暗圈足，足底酱红色，釉色青中泛灰，筒壁刻盛开的梅桩草纹和荷叶莲蓬荷苞荷花纹。

此外还有花盆、笔筒、烛台、砚屏等器物，可能还有许多未发现的器物。

十二、胎釉特征

胎色以灰白为主，质地细腻坚硬，有的人认为清龙泉窑胎质疏松是不正确的。釉淡薄透明，玻璃质感强，普遍青中泛灰，有的青中泛黄，纯青绿色很少。釉的玻质感强和较多器物釉面开细碎片，说明烧成温度较高。龙泉窑从五代至清，清代的釉最次。但由于釉青中泛黄、泛灰且玻璃质感强，与北宋时期许多产品的釉相似，显得非常老气。难怪有清朝人认为清代还在烧秘色瓷，可能就是看到了这类产品的缘故。这种釉色、釉质成为识别清代龙泉窑瓷器的重要标志之一。许多瓷器圈足的火石红很有特点，呈紫褐色或酱红色，比明代火石红更深，更偏褐色，有人认为是烧前着色，笔者认为无此可能，因为大部分清代瓷器的圈足火石红发色自然，不呈紫褐色或酱红色，明代瓷器也有这种情况，这应该是泥料和二次氧化的缘故，多个仿古工匠也同意笔者的观点。

十三、制作造型特征

瓶、罐、壶等圈足厚，足壁不施釉，造型粗笨。盏、碟制作较为规整，壁薄，轻巧，可能是吸收了景德镇的制瓷技术。

十四、装饰纹样特征

寿饼模

清代青瓷纹饰较其他年代单调，有竹、梅、兰、菊、牡丹、荷叶、荷花、荷花苞、莲蓬、小树、云、龙、凤凰、鱼、八卦、鼓钉、网格等纹饰，其中应用最多的是简化的牡丹花叶纹，其次是梅、竹、兰纹。以刻为主，偶有镂空，构图总体较为草率，刀法稚嫩、僵硬。

[肆]民国时期的龙泉瓷业

根据周作仁整理的龙泉民国档案，民国时期，省、县两级政府重视振兴龙泉瓷业。民国6年（1917年），浙江省建设厅拨款在城区宫头开设瓷业改良工场，当年改良工场的窑址至今仍可见一段。由于各方面的原因，瓷业改良工场于民国16年（1927年）停办。

民国17年（1928年）5月，浙江省政府派工场筹备员董湘坡制定《改进计划书》，提出："龙泉青花瓷为各地冠，宜力图发展，多制实用品，以应国内之需要；彩花瓷须加改良，不难媲美景德镇，宋代哥窑器，中外视为至宝，确有不堪磨灭之优点，宜研究仿造，以发扬国产。"瓷业工场于当年9月15日恢复生产，最终因资金不足，于民国20年（1931年）停办。这几年，是否研发过仿宋哥窑遗器，无据可考。

民国30年（1941年）5月，县政府在八都建立了瓷业合作社。8月，省里派江西省省立窑业学校毕业、曾任浙江省瓷业改良工场技师的徐少白，任八都经济实验区技佐，专司瓷业技术指导工作。9月增设瓷业合作社十所，此时八都有私营瓷厂40余处，生产各种白瓷和青花瓷，由于生产的日用瓷产销对路，销路颇广，年产值有三十余万元，并拟在温州设分销处。

民国32年（1943年）9月30日，八都区向县政府呈送瓷业改进委员会的大会记录、组织简章等，县长徐渊若作了批示。《组织简章》提出："增设考古部考察古瓷色釉及花样，仿制改制之。"这里的古瓷应主要指古龙泉青瓷。

民国33年（1944年）6月，八都区瓷业改进研究会成立，会址设在八都。负责人毛仁，会员以八都、岱垟、宝溪三乡镇的制瓷工匠为主，共二十四人，其中陈佐汉、李怀德、龚庆芳等都是当时制作仿古青瓷名家。李怀德时年二十九岁，新中国成立后为恢复龙泉青瓷生产作出了重要贡献。

清末民国，无论官营或民营瓷厂，始终没有放弃青瓷研究和生产。前清秀才廖献忠，由于跛脚，仕途无望，致力于青瓷研究，制作的仿古瓷几可乱真。徐渊若《哥窑与弟窑》抄录有廖氏的初期制釉方，改良制釉方、内釉方、极贵万金难换方、又方、未试方等。民国初年，小梅孙坑的范祖裘、范祖绍兄弟制的哥弟窑青瓷，销售到杭州等地。宝溪龚庆芳等人的作品，曾在巴拿马、费城万国博览会和西湖博览会上展出。民国31年（1942年），龙泉选送了九件仿古青瓷（仿元龙纹印盒、仿元龙纹笔洗、八卦穿心炉、仙桃水注、小鼎炉、双凤纹高足盘、双鱼洗、双鱼碗等）在浙江省工商展览会上展出。

陈佐汉，字六奇，光绪丁未年（1907年）出生，宝溪溪头村人，民国34年（1945年）任宝溪乡乡长，兼任溪头瓷业合作社社长。从其二子陈战生保留的照片看，陈氏高颧骨，瘦长脸，身高一米七十余，戴一副窄边眼镜，有着儒雅的绅士风度和文化人味。他致力于古青瓷鉴定和仿古青瓷研究，亲手鉴绘的《古龙泉窑宝物图录》，共计三十五页七十面一百三十五件古瓷图像，其中一百三十件为龙泉青瓷，并配有文字说明，许多器物都未曾见过，精美程度令人怦然心动。图像清晰，文字工整，是一本研究龙泉窑的重要参考资料。如此多的古物图像不可能短时间完成，显然是长时期日积月累后再加以整理的结果，从中可体会到其付出的艰辛和心血。同时，也看出陈佐汉对龙泉青瓷研究的痴迷，他和其他仿古高手的许多作品就是根据这本图像仿制的。

民国32年（1943年），陈佐汉邀集本乡瓷工李君义（李怀德之父）、张高文、张照坤、龚庆芳、许家溪等组成仿古青瓷研制小组。腾旧房一间用于办公，开会兼陈列，称“古欢室”。工场设在宅院前，置有石磨、水碓等，仿古青瓷足可乱真。据陈佐汉五子沈世敏（陈佐汉有六子二女，沈世敏为老五，原名陈荐贤，后过继给沈家改名）说：“父辈们仿古哥瓷时，常用带血的狗皮包裹青瓷，然后埋于黄土下，经年后取出，釉面浮光尽去并有自然的金丝铁线。”县长徐渊若称：“陈佐汉氏所仿铁骨，有时颇可混珠。”后任县长梁孝琪，民国35年12月9日记：“该乡参议员陈佐汉同志，亦自营有瓷窑厂，尤擅仿古青瓷，出品精良，沪上销行甚多。”

民国35年（1946年）10月，陈佐汉将得意之作牡丹瓶、凤耳瓶等百件仿古瓷经由省政府转送国民政府实业部，旨在展示仿古青瓷之成果，企盼各级政府的资金支持，果受蒋介石的青睐，亲题“艺精陶仿”四字勉励之。陈佐汉请石工将蒋题字按原件大小刻于青石上，据陈战生回忆，石碑长约60厘米，宽约30厘米至40厘米，可惜蒋氏题字原件及石碑现都已散失。1950年9月，斯大林七十寿诞昌，古欢室研制小组精心制作云鹤盘两件，由外交部转送莫斯科为斯大林祝寿，得到前苏联政府的答谢。

陈佐汉还著有《古欢室青瓷研究浅说》一书，未出版也未能保存，甚为可惜。徐渊若《哥窑与弟窑》书后所注参考书籍中有此书名，书中多次引用的陈佐汉氏言，可能就是来自《古欢室青瓷研究浅说》。其中引陈佐汉言制釉之法：“以稻壳石灰百与三十六之比，烧灰后捣碎，用水浸淘，去其沉淀，称曰乌釉。以十成乌釉加十二成白土及五六成紫金泥，即成釉水。亦有不用稻壳而用凤尾草者，前者多绿色，后者多青色。白土重则成白湖色，乌釉成分多则发绿色，乌釉中紫金泥成分过多则发黑色。如火过高，则石灰中之石英质烧成玻璃而显露于外，即不类玉器，故玻璃釉并非佳品。乌釉必掺白土者，可使釉坚凝不流。宋代制釉之法，今已失传，惟其理则无二致。”论述甚为精辟，若非亲身经历无数次实验绝无此深刻体会。

长寿龟

鬲式炉

制仿古青瓷，清末以范祖裘、范祖绍兄弟为代表，民国初期以逊清秀才廖献忠为代表，民国中期以李君义为代表，仿古风最盛时为1943年以后，以陈佐汉、李怀德、张高岳等为代表。正是这批仿古艺人，传承了龙泉青瓷的烧制技艺，延续了龙泉窑火。仿古青瓷多为仿宋、元瓷器，难度大，要求高。通过在生产过程中不断地研发改进，终于使质量大为提高，完全摆脱了传统清代龙泉青瓷釉差质粗的风格，步入了青瓷生产的新阶段。民国时期艺人们对仿古青瓷研究的成果及对制瓷技艺的传承，对恢复龙泉青瓷生产起到了很大作用。

[伍]龙泉青瓷的复兴

新中国成立初，龙泉窑已奄奄一息。1957年，周恩来作出“要恢复祖国历史名窑生产，首先要恢复龙泉窑和汝窑”的指示。同年成立

丰收在望　斗牛

了地方国营龙泉瓷厂。

1959年，浙江省政府成立了浙江省龙泉青瓷恢复委员会，同年，国家给龙泉瓷厂下达了制作国庆用瓷任务，时任轻工业厅厅长、后来的副省长翟翕武坐镇指挥，浙江美术学院邓白教授亲自设计、指导，顺利完成任务；1964年，完成了轻工业部、外交部出国展览和国庆十五周年全国人大常委会用瓷任务，送轻工业部70个品种312件，送外交部74个品种977件，展品在亚、非、拉三大洲九个国家十四个地方展出，礼品分别赠送给二十一个国家的外宾，获得普遍的好评；1971年，完成为我国首任驻美国联络处主任黄镇制作礼品瓷、为招待美国总统尼克松访华制作餐具的重要任务。以上三项重大任务的完成，同时也是龙泉瓷厂生产技术的三次飞跃。20世纪80年代初，龙泉青瓷出口到四十八个国家和地区，创汇130余万美元。

喜上眉梢灯台

四大美女

1985年进行经济体制改革，撤销总厂，前后28年，龙泉瓷厂为恢复龙泉青瓷生产作出了巨大贡献。

1996年，于1988年投产的国营龙泉艺术瓷厂（即五四〇厂）停产，上垟各分厂相继改制，龙泉青瓷犹如枯木逢春。

在改革春风的吹拂下，私人作坊如雨后春笋般地涌现出来，龙泉青瓷步入了新的发展时期。2000年至2002年，龙泉市委、市政府接连在杭州、上海、北京举办大型展销会，犹如给龙泉青瓷注入了强心剂，同时又不失时机地创办了青瓷宝剑苑（作坊园区），使青瓷生产走上了正常、健康的发展轨道。

仙女散花

麻姑献寿

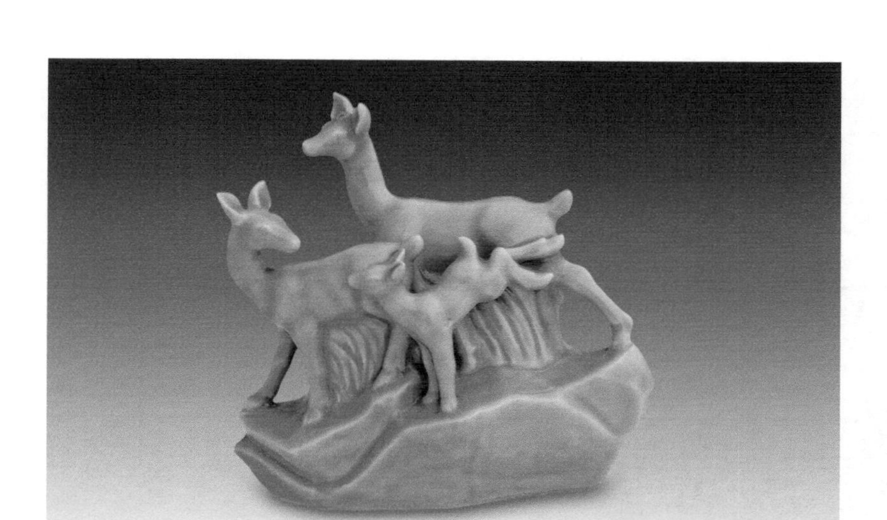
鹿

寿星

松鹤灯台

龙泉

龙泉青瓷烧制技艺的传承

在现阶段龙泉青瓷的传承发展中，涌现出了多位国家级、省级非物质文化遗产龙泉青瓷烧制技艺代表性传承人，龙泉青瓷烧制技艺传承基地也得到了各界重视。

龙泉青瓷烧制技艺的传承

[壹]龙泉青瓷烧制技艺代表性传承人

一、代表性传承人徐朝兴

1. 徐朝兴早期的龙泉青瓷烧制。 中国工艺美术大师、中国非物质文化遗产龙泉青瓷烧制技艺代表性传承人徐朝兴，1943年3月出生于龙泉城区，从少年开始学做碗，就表现出过人的禀赋。年轻时的他一心钻研青瓷烧制技艺，终成为当今龙泉青瓷烧制的一代

徐朝兴

宗师。

徐朝兴有兄弟姐妹五个，土改后，祖父坐牢，父继祖业开药铺。公私合营后，父亲每月工资只有十元四角，难以维持全家生活，无奈之下把弟弟过继给人家，送哥哥去学做碗。1955年，徐朝兴小学毕业。次年，父亲也把他送到木岱与哥哥一起学做碗。到了木岱，负责招工的工会主席吴显明看他人小不同意，叫他回去上学。当晚住在他哥哥那里，第二天无事看做碗，看着看着禁不住动起手来，竟拉出一个有模有样的碗。工人们把这件事告诉工会主席，吴显明看他有灵性，破例留下了他。从此，徐朝兴开始了他的制瓷生涯。

徐朝兴刻苦努力，做了两年碗，技术已非常娴熟。1958年，各行各业都在“放卫星”，碗厂要放的“卫星”就是工人做碗的日产量。平时，他每天做13支，每支30个，计390个碗。有一天，厂领导叫徐朝兴“放卫星”，那天他共做了27支零6盒，计822个，轰动全厂，至今无人破这个纪录，厂广播几次播报他新确定的“卫星”高度。当年，也被评为社会主义建设积极分子，全厂五百多名工人只评了两名，戴着大红花到县城开表彰会。

1958年，总厂成立青瓷仿古小组，由八人组成，根据领导安排，有幸师从著名的仿古艺人李怀德。第一次涉及制作青瓷是修木瓜壶的棱线，较难修得匀称，师傅对他说：“做仿古瓷与做粗瓷不一样，一定要静心、专心致志。”徐朝兴一直把师傅这句话作为座右铭，终身不敢忘记，并以此教育子女与学生。他自己更是身体力行，即使现在，一些工艺要求高的作品，都是在凌晨五点至七点无人干扰时静心屏气完成的。跟师傅除做仿古瓷外，另一项重要的工作就是搞釉配方实验，帮师傅用擂碗（研钵）、碾槽磨细釉药。工作虽辛苦，却较全面了解到民间的釉配方和制釉之法。徐朝兴师从李怀德至1963年。

徐朝兴离开瓷厂到当时更好的单位是有条件和机会的。1963年，浙江美术学院（中国美术学院前身）筑了一座倒烟窑，徐朝兴经厂党委同意，被借调到美院。工作四个月后，美院要求徐朝兴留下当技工，厂里不同意，派技术科长赖自强到杭州把他叫回厂。轻工业部高级工艺师李国桢到龙泉搞釉配方实验，徐朝兴帮助磨原料，送点心，李国桢看这小伙子聪明能干，心灵手巧，非常喜欢，叫徐朝兴跟他到北京去，厂里不肯。

1976年，第一任青瓷研究所所长毛松林在组建青瓷研究所时，第一个想到的就是调徐朝兴来从事新产品的设计与研制。徐朝兴未辜负领导的期望，1979年，设计的作品“中美友好玲珑灯”被选为国家级礼品，现收藏在美国白宫。毛松林在世时回忆说：“事实证明有他协助开展工作，诸事顺利，省心省力。他不仅工作认真细致，责任心强，而且谦虚谨慎，与人为善，从不计较个人得失。”

1980年，总厂党委委员梅云林打电话通知徐朝兴到龙泉开会。

到了龙泉，当会上宣布徐朝兴任青瓷研究所所长时，他立即跑到工办主任徐利人那里，说："我一直当工人出勤出力，无管理经验，担子太重，请组织另选他人。"后为师从组织决定，他只一干就是九年。当所长虽然辛苦，但他的政治和艺术生命就是从当所长开始的。从他的艺术活动年表里，可以看出，徐朝兴这九年取得了骄人的成绩，是他艺术生涯的黄金时期之一。

在日常工作中，徐朝兴身先士卒，哪里有困难，哪里有危险，就出现在哪里。有一次，为了赶出口货，窑烧得正旺，可污垢把烟道堵塞住了，烟道里的温度有四十几度。烧窑不能停，一停满窑产品就得报废。怎么办，同事们都等他拿主意。他二话没说，在自己身上绑了一根绳，把一端递给同事，拿了锤子和凿子，对同事说："我爬进管道把污垢凿掉，如果你们听不到我的回音，就往外拉绳子，把我拉出来。"每过几秒钟，同事们叫他一次，他回答一声。五分钟过去了，徐朝兴带着满脸满身的烟灰和汗水出来了，在他的带动下，其他同志纷纷先后进入烟道清理污垢，终于疏通了烟道。时至今日，他回想起当时的情况还感到后怕。

青瓷研究所在当时是一个好单位，但他从未安排过一个亲朋好友；他从没有假公济私，也未乱花过一分钱。

组织决定要把青瓷研究所搬到城里后，作为所长的他工作更加繁忙，没日没夜。上垟所里的事要管，城里新建所的基建也要管。

1988年7月25日，徐朝兴早饭没吃就跑基建工地，直到中午十二点回来，到外甥家吃中饭。刚一坐下，就眼冒金星晕倒在地，后脑砸在水泥地上，昏迷了一天一夜才有知觉，住院一个月稍有好转就回家休息，怕住院用单位的钱太多。回家后，一直休息了五个月才基本恢复。妻子看丈夫身体垮了，坚决要徐朝兴辞职，否则就要与他离婚。在几次书面辞职报告和几次言辞恳切的口头辞职陈述后，他被任命为青瓷研究所总工艺美术师，享受正所级待遇。

2. **"朝兴青瓷苑"再创业。** 1999年3月，由于体制的原因，青瓷研究所停发工资，面临倒闭。时任龙泉市常务副市长林健东做徐朝兴的思想工作，请他出山带领青瓷研究所的所有职工在市场经济的大潮中再搏一搏。徐朝兴推辞说自己年纪大了，即将退休，婉言谢绝了。为把龙泉青瓷做大做强，市里给他落实了地皮，就这样，朝兴青瓷苑最终落成投产。

自1989年辞去青瓷研究所所长至今，徐朝兴又取得了一系列令人羡慕的成绩。

徐朝兴之所以取得如此辉煌的成就，用他的话来说是"机遇加勤奋"。一是他的天分加勤奋打下了扎实的基本功，练就了精湛的制瓷技艺；二是创作上既注重继承传统又注重创新。张守智老师曾对徐朝兴说过："朝兴，你搞了这么多年青瓷，传统这条路要走下去，但在继承传统上要有创新。"在徐朝兴的艺术创作道路上，无不体现了李怀德师傅的教诲和张守智老师的创新思想。早在20世纪60年代，他与师傅一起发明了象形开片，即把成品重新放到恒温箱加热到300℃，然后用毛笔蘸水趁热在器物表面随意一画，由于热胀冷缩，画什么就开什么细碎的纹片，开人工控制开片之先河。20世纪90年代初创哥弟混合绞胎瓷，是青瓷制瓷史上的首创，到目前仍然是龙泉青瓷的主打品种之一。20世纪90年代中期又首创点缀纹片。2000年初又创原始瓷灰釉。

灰釉跳刀碗是20世纪初徐朝兴创新的力作，其创作理念独特，把商周原始瓷的古朴风骨与现代审美理念及装饰手法有机融合。灰釉那古铜般的颜色，把我们带进了闪耀瓷器文明曙光的年代，去追忆原始瓷上面凝聚的无数先人的灵魂和智慧。古代制瓷匠师修坯时无意之中留下的跳刀痕成为一种主要的装饰手法。碗内底均匀规整的涡纹、老辣的跳刀、由数万次跳刀组成的极富韵律感的纹饰、圈足底的三条弦纹，极尽精工之能事。南宋官窑对瓷器制作挖空心思，不惜工本的极致追求，也莫过于此。

2006年制的刻花大粉盒，最能体现徐朝兴精湛的制瓷技艺和对泥性的把握。碧玉般的梅子青釉面无一个“针眼”，流畅的刻花，半刀泥技法娴熟。最绝的是其子母口密合得天衣无缝，在口沿上洒一层水，稍一用力，盖面可以旋转自如，若要打开盒盖，则要用指甲或刀片插进盒缝才能打开，这是检验密合程度的最好办法，万个难有其一。因为龙泉青瓷在1310℃高温下烧成，有15%左右的收缩率，且又是手拉坯，要如此密合几乎是不可能的。无怪乎有人出价八十万元徐朝兴也舍不得脱手。

三环瓶（徐朝兴作）

我问徐朝兴，龙泉青瓷主要传承了哪些技艺，他的回答出乎我的意料，他说："老祖宗们在简陋的条件下，烧制出这么精美的瓷器，我们首先要把这种精神传承下去。"

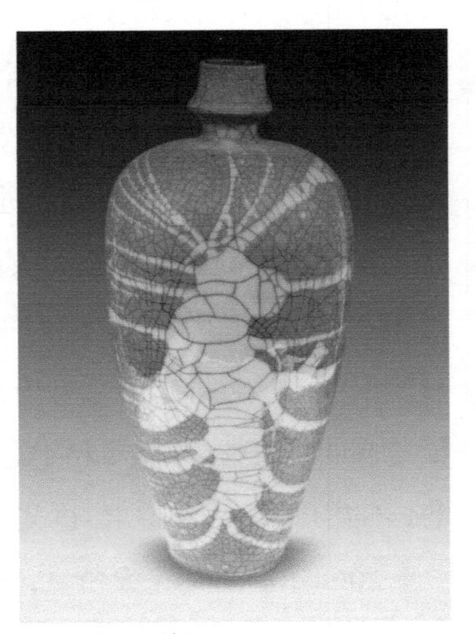

梅瓶（徐朝兴作）

他还说："青瓷的釉、造型、制作精细是传承的三方面主要内容。釉要发色纯正，要类玉，我不喜欢颜料调出来的釉；造型要美，既要继承古代青瓷传统造型古朴、典雅、厚重的美，也要在传统的基础上结合现代审美理念进行创新；制作要精细，无论艺术瓷、日用瓷、包装瓷都要如此。此外，古龙泉窑有逾千年的历史，博大精深，造型、纹饰非常丰富，是取之不尽、用之不竭的艺术宝库，这就需要研究古龙泉窑的人，挖掘出历代龙泉窑的精髓，与我们现代搞设计创作的人结合，古为今用。虽然现在龙泉青瓷许多方面超过了古代，但还有许多方面不能企及。”

徐朝兴说：“我现在头上罩着光环，人家非常羡慕，这给我带来了很大的压力。今后，我一要善待自己；二要为青瓷行业发展多作些贡献；三在技艺上更要精益求精，百尺竿头，更进一步；四是把儿子、儿媳艺、德两方面都培养好，虽然儿子徐凌已被授予浙江省工艺美术大师称号，儿媳妇竺娜亚也已被评为高级工艺美术师，但对他们还是要高标准、严要求，使他们两个既要承接好龙泉青瓷的烧制技艺，又要有高尚的艺德；五是带好头，保证凡是我签名的作品全都是我自己做的。”

3. 徐朝兴艺术活动年表。

1956年，工作于公私合营龙泉瓷厂。

1957年，工作于地方国营龙泉瓷厂。

1958年，工作于龙泉瓷厂仿古小组，师从著名仿古艺人李怀德。

1963年，应邀赴浙江美术学院担任理论结合实际教学辅导教师，历时四个月。

1976年，工作于龙泉青瓷研究所，从事新产品设计与研制。

1979年，作品中美友好玲珑灯被选为外交部国家级礼品，现收藏在美国白宫。

1980年，任龙泉青瓷研究所所长。

1981年，作品“迎春大花瓶”被北京人民大会堂收藏。

1982年，作品“迎宾大挂盘”获得第二届全国陶瓷设计评比一等奖，获艺术瓷总分第一名，被誉为“当代国宝”，现收藏在北京中南海紫光阁。

1985年，被授予“浙江省劳动模范”称号。

1986年，作品“三十三头云凤组合餐具”获第三届全国陶瓷评比一等奖，获日用瓷总分第一名。

1986年，获“浙江省自学成材者”称号。

1988年，获全国“五一”劳动奖章、“全国优秀科技工作者”称号。

1989年，任龙泉青瓷研究所总工艺美术师。

1990年，作品“绞胎斗笠碗”获第四届全国陶瓷设计评比二等奖。

1991年，由浙江省人民政府授予“浙江省工艺美术大师”称号。

1992年，享受国务院政府特殊津贴。

1993年，当选第八届全国人大代表。

1994年，作品“哥弟混合梅瓶”获第五届全国陶瓷设计评比二等奖，现陈列在北京人民大会堂浙江厅。

1994年，作品“露胎刻花瓶”等应邀参加新加坡龙泉青瓷展。

1996年，被授予“中国工艺美术大师”称号。

1996年，应邀赴香港参加陶瓷艺术作品拍卖会，并作现场示范表演，拍卖善款捐献希望工程。

1998年，当选为第九届全国人大代表。

1998年，任浙江省第二届工艺美术大师评委。

1999年，创建龙泉朝兴青瓷苑。

1999年，作品“万邦昌盛吉庆瓶”被北京人民大会堂收藏。

2000年，作品“哥弟混合三环瓶”被中国工艺美术馆收藏。

2001年，应邀赴韩国参加陶艺学术交流及展览，发表题为“龙泉青瓷——古今”的学术演讲。

2001年，作品哥弟混合三环瓶被韩国康津郡博物馆收藏。

2002年，任第七届全国陶瓷设计评比会评委。

2003年，作品“灰釉牡丹碗”被北京大学赛克勒考古与艺术博物馆收藏。

2003年，作品“哥弟混合吉祥如意瓶”被北京人民大会堂收藏。

2004年，作品“灰釉水波碗”参加第四届中国当代陶艺家作品双年展，并被中国美术学院收藏。

2004年，参加广东佛山全国陶瓷高峰论坛并作演讲。

2004年，任杭州中国西湖博览会·中国工艺美术大师精品展评委。

2005年，任杭州中国西湖博览会·中国工艺美术大师精品展评委。

2005年，作品“仿宋五管瓶”登在《中国工艺美术》2005年第一期封面，并发表《龙泉青瓷古今发展》文章。

2005年，《中华文化名家——徐朝兴》邮票十六枚发行，参加在北京人民大会堂举行的邮票首发式。

2005年，应邀参加北京大学“走进北大与文化名家交流“演讲”。

2006年，参加中国美术馆中国陶瓷艺术展。

2006年，作品群猴挂盘、灰釉水波碗被中国美术馆收藏。

2006年，中国美术学院美术馆举办徐朝兴从艺五十周年回顾展。

2007年，被确定为国家级非物质文化遗产项目龙泉青瓷烧制技艺代表性传承人。

2007年，获龙泉市人民政府龙泉青瓷终身艺术成就奖。

2007年，当选为浙江省青瓷行业协会首届会长。

2008年，被国家知识产权局聘请担任中国知识产权文化大使。

二、代表性传承人毛正聪

1. 毛正聪早期的龙泉青瓷烧制。 中国工艺美术大师、浙江省非物质文化遗产代表性传承人毛正聪，1940年出生于当代瓷乡龙泉上垟镇木岱村，一生与青瓷结下了不解之缘。从偷学到正式拜师从艺，从普通工人到成为技术骨干和走上领导岗位，直至步入中国工艺美术大师的殿堂，成为当今龙泉青瓷烧制的一代宗师，经历了从艺道路上的艰难与坎坷。

毛正聪有兄弟姐妹六个，少年丧父，靠母亲一人艰难支撑一家人的生计，小学毕业后再也无力继续就学。因家中农活急需劳力，母亲叫他下田务农，但他天生怕蚂蝗和蛇，不敢下田，只好在家打柴种菜。到了1954年下半年，他想学一门手艺，为母亲分忧，于是向母亲提出要去瓷厂拜师学艺。母亲死活不肯，因为做瓷在那个年代是最被人看不起的职业。做青花粗瓷时，男工制坯，面对面坐着一位女工画青花，当时封建思想十分严重的农村人不理解，都说做瓷人作风轻浮，是低级趣味的人。木岱村瓷业兴旺，有九家瓷厂，他

毛正聪

利用空闲时间去偷偷拜师学艺做碗挣钱。年底结算工资，计加工工资八元五角钱，一分不留全都交给了母亲，并再次提出请求。母亲看拗不过儿子，最终流着泪同意了。

转眼春节已过，1955年2月，毛正聪正式到碗厂拜师学艺。由于学做瓷的机会来之不易，他学艺特别努力，当年，就被评为先进生产者。全厂二百多工人，只评了三名。

1957年6月，公私合营转为地方国营龙泉瓷器厂，制瓷从纯手工转为半机械化操作，厂部选派十五人到景德镇建国瓷厂技术培训四个月，毛正聪有幸参加了这次学习。1959年初，担任成型车间分管技术的副主任兼车间团支部书记、总厂团委副书记。

1960年，受浙江日报社胶印机生产线的启发，很想将其运用在陶瓷修坯工艺上，毛正聪开始研制半自动修坯机。一个小学文化程度、没有半点机械理论基础的人要研发半自动机械设备，谈何容易。初生牛犊不怕虎。凭着年轻人的一腔热血和好胜心，毛正聪走上了艰难的研制之路。他的想法厂部多数领导不同意，只有赵潜厂长支持，但规定不能侵占工作时间。当时一个月只休息三天，一天工作十小时，可利用的业余时间只有晚上，因此常要工作到深夜两点多钟。他与钱日增在技术缺乏、资料很少的艰难条件下，经过五年的努力，断断续续试验三百多次，到1965年5月，半自动修坯机终于研制成功，提高工效六倍，属国内首创，获省创造发明奖。在研制过程中，几乎天天被技术难关困扰着，几年下来没有成果，冷嘲热讽的精神打击成了家常便饭。长年累月的辛劳，毛正聪身体受到很大影响，得了肝炎和神经衰弱症，达十三年之久。

1980年调任餐具车间主任，同年被破格评为工艺美术师，1983年任直属厂厂长，1985年任龙泉瓷厂党总支书记。

毛正聪建立了自己的工作室，开始专心致志地钻研青瓷烧制技艺中的难题。确立的第一个研究课题是哥窑挂盘系列，最小的12厘米，最大的70厘米，这个课题得到了省计委的支持，批复下达十九万元的科研经费。当年就获得显著成果，70厘米的牛纹盘被北京故宫博物院收藏，61厘米的哥窑迎宾盘参加第五届全国陶瓷评比，获一等奖，总分9.86分，为最高分，轰动了陶瓷界。

1986年9月14日，龙泉瓷厂接国务院通知，到北京接受烧制大型陈设瓷任务，行政司耿志声处长说这是“文化大革命”后第一次向地方征集陈设瓷，并传达了国家领导人的三条指示：（1）要兼有传统工艺和现代艺术特点；（2）器形要有中华民族的气魄；（3）要与中南海古建筑相协调。当时指定韩美林、张守智设计，龙泉负责烧制。任务带回来后，由于通讯原因，几个月与韩、张联系不上，毛正聪想这是政治任务，不能延误，时间紧迫，决定自己动手设计。紫光盘有生产基础，设计问题稍好解决，瓶造型难度大，器形设计是主要问题。通过查阅大量古代青铜器和玉器资料，最后选中了青铜器贯耳壶的造型，以此为基础进行设计。通过两年的努力，紫光瓶烧制出来了，但总觉得轻飘不沉稳。经过反复推敲，发现问题出在口唇太薄，于是把口唇从1厘米加宽到2厘米。张守智来厂后，认为紫光瓶耳长了点，又将瓶耳缩短了1厘米。改进后的造型令人顿感协调、厚重、大气。紫光盘、紫光瓶、朱雀瓶等紫光阁陈设瓷终于研制成功。1988年12月20日上午，最后烧出来的一只紫光瓶没有一点瑕疵，大家都十分满意。当天中午，国务院派来的两位专家，国务院办公厅艺术顾问杨亚人和中国美术馆的周忠方到厂，顾不上吃饭就去看产品，一看非常振奋，评价说："既有千年传统工艺文化，又有现代艺术风格的内涵，器形简洁、厚重，有中华民族的气魄，为当代国宝，你们为国家做了一件大事。"

春节后，一场大雪封山，车路刚通，毛正聪和几位同事立即将紫光瓶、紫光盘等八个品种五十一件作品用专车送往北京。紫光瓶一对、紫光盘一件，到京的当天下午就摆到了中南海紫光阁总理接见厅上方六米长的条案上。1993年，紫光盘和紫光瓶受到撒切尔夫人和基辛格博士的赞扬。

1989年10月，组织上调毛正聪任青瓷研究所所长兼书记，直至1996年6月。这期间，为了提高青瓷烧制质量，在毛正聪的倡导下，下决心率先实行窑炉改革，引进燃气节能窑并试烧成功。这是龙泉青瓷发展史上最大的工艺突破，为龙泉现代青瓷生产发展奠定了坚实基础。1990年开始探索艺术瓷的名人效应之路，在作品外底刻上制作者的姓名，不用龙泉青瓷研究所的商标。1993年联合中国美术学院部分教师赴新加坡办展获得成功，轰动狮城，除去全部费用，净赚七万多元。

1993年，邓小平经杭州返京，省政府要选送一件青瓷给这位“中国改革开放的总设计师”。省政府办公厅室主任在时任丽水市行政管理处处长陶文荣（籍贯龙泉）的陪同下到龙泉选购十几件礼品，其中要有一件独一无二的作品。毛正聪想起有一件家人都不知道的1989年制作的30厘米象形开片腾龙戏珠盘，拿出来后两位领导十分满意。这只盘还有一个故事，1989年在研制哥窑象形开片挂盘系列时，其中一只盘大开片中以鱼子纹裂成的龙形非常清晰，是难得的绝品，遗憾的是龙头上方有一黑色铁斑成不了精品，如何把这一铁斑掩盖掉成了毛正聪的心病，调青瓷研究所后想起只能用低温釉覆盖。一次出差北京，找到张守智夫人的工作室，张守智夫人是专门研究各种釉料配方的，向她要了一点1150℃的低温红釉。回所后，特制了一个电炉烧制，为掩盖铁斑，在盘的黑点上涂上一层厚厚的红釉。夜里十点钟，当升温至1145℃时，电源突然断了，原因是硅碳棒断了，当时情绪差到极点，因为这么好的东西就这样功亏一篑而烧坏了，一直坚守着未回家。等到凌晨四点半，当温度降到80℃时，开窑一看，顿时由忧变喜，釉已熔开变成了一颗红珠，珠外有晕，异常美观，兴奋得毫无睡意。实际上是仪表指示不准确，温度已到1150℃，若硅碳棒未断，温度再高一点，釉就会化开，真的会成为一件次品。

1995年年底，毛正聪接受了为国务院总理制作出国访问专用礼品瓷的任务，在烧制的金丝铁线、文武开片盘中出现了一件绝品，盘中间自然裂出的纹片有似像非像的女皇头戴一顶皇冠的形象，留下捐给了市博物馆收藏。

2．正聪青瓷研究所再创业。 1996年，艺术瓷厂和上垟各分厂相继改制，在改革春风的吹拂下，私人作坊如雨后春笋般地涌现出来。这个大背景下，毛正聪毅然辞去青瓷研究所所长职务，退居二线。后又租来几间破旧房，办起了正聪青瓷研究所，开辟新的研究领域。

自从办研究所的那天开始，毛正聪就把主要精力放在攻破千年绝密的青瓷釉料配方上。他说："龙泉窑与其他窑口最大的不同就是釉，南宋龙泉窑把青瓷烧制推向了顶峰，主要是釉达到了真玉般的效果。因此，历代的艺人对釉配方都极其保密。现代每个大师都有自己的配方，但不会轻易公开。"通过三年的努力，选用了数十个地方的原料，经过数千次实验，终于在1999年获得成功。梅子青枫叶尊在2000年西湖博览会上产生轰动效应，引领青瓷行业的所有艺人都开始研烧梅子青釉。2002年，粉青釉又有了重大突破，增加了晶莹剔透感，厚釉处产生宋代哥窑都难见到的蚯蚓走泥纹，2003年在日本大阪展出，轰动日本陶瓷界。正聪先生对釉有深刻的认识，他还说："龙泉青瓷釉不类玉就失了三分魂，两种釉的研制成功，得益于在总厂时张高岳前辈的指点，当时我最佩服的就是他配制的釉，因此，时常与他讨论、请教釉配制方面的技艺。"近两年，毛正聪在攀登龙泉青瓷的珠穆朗玛峰——仿南宋溪口黑胎瓷，取得了重大进展。

枫叶尊（毛正聪作）

奇纹贯耳尊（毛正聪作）

毛正聪对釉和造型的关系有他独到的理解，他说："要把龙泉青瓷釉的质地之美表达得淋漓尽致，首先造型要简洁，线条要流畅，这样，器物显得典雅、大气、有分量。作品太复杂，就显得小气，无气魄。要使作品简洁，要有一条优美的曲线来表达。"因此，简洁、大气、典雅、厚

重的造型形成了正聪先生鲜明的青瓷艺术特色。殊不知对线条的理解与把握，要有长年累月的生活积累，要有悟性、灵性，更重要的是要有对中华民族深厚的传统文化和在这个文化背景下长期形成的东方审美观的深刻理解。

毛正聪对绞胎的理解是：绞胎不能随意，要有艺术构思，才会有艺术效果。这在他的作品“千禧”中得到很好的体现。“千禧”三龟尊直口圆唇，中下腹鼓出，斜弧收至圈足，下腹为哥窑、绞胎，中上腹至口粉青釉色，上腹贴小龟三只。烧成后由于龟收缩的拉力，与龟对应的内壁出现三个圆形开片，似三个龟蛋，外壁三只龟好似刚出壳的小龟。青色的釉面似湖水，小龟四周出现放射状开片，似小龟在水面学游时泛出的水波纹，下腹开片有如湖底的鹅卵石。整件作品的造型装饰显示出匠心独运，但自然天成的开片又不可人为，正是这种别具的匠心和自然开片、绞胎的浑然天成，使这件作品成为千载难逢的绝品。天津画家、全国政协副主席冯骥才看后称：“与佛家有缘。”

毛正聪概括了四点龙泉青瓷传承技艺：一是釉，釉是青瓷之魂；二是造型，型有如人体，要有人体线条流畅的美；三是制作工艺精细，可体现作品高贵的气质；四是烧制，这是制瓷的关键。目前困扰他的主要问题是每年春夏换季（约5月份）前后总要烧坏几窑，而换季的时间又每年都不一样，心里无底，尚不知何因，需进一步研究，减少损失。再就是儿子毛伟杰、女儿毛一珍、女婿蒋小红一直与他一起从事青瓷烧制，他要把他们从艺、德两个方面都培养好，使他们明白学艺先要学做人，没有高尚的艺与德就没有艺术上的高境界。

毛正聪说："我作为一个国家级大师，一个有逾千年历史的非物质文化遗产龙泉青瓷烧制技艺代表性传承人，要永葆龙泉青瓷烧制技艺的陶工本色。学习永无止境，要虚怀若谷，不断创新，才能达到新的高度、新的境界，把老祖宗留给我们的瑰宝进一步发扬光大，尽可能为子孙后代、为社会留下一点痕迹。"

3. 毛正聪艺术活动年表。

1955年，工作于公私合营建新瓷厂。

1957年，工作于地方国营龙泉瓷厂。同年，参加景德镇建国瓷厂培训半年。

1959年，任成型车间分管生产技术副主任，兼总厂团委副书记、车间团支部书记。

1965年，研制成功国内首台半自动修坯机，获省创造发明奖，并向全国推广。

1970年，师从高建新老师学习人物雕塑，作品包公斩陈世美、李白醉酒、八仙张阁老、草原医生、天女散花等获外贸订货。

1974年，成型车间负责机械修理。

1978年，工作于龙泉青瓷研究所，完成压力注浆新工艺。

1980年，任餐具车间主任。

1983年，任龙泉瓷厂直属厂厂长。

1985年，任龙泉瓷厂党总支书记，建立个人工作室，开展第一个课题——哥窑象形开片系列挂盘的研究。

1986年，作品“61厘米哥窑迎宾盘”获全国陶瓷评比一等奖，艺术类总分第一名。作品70厘米哥窑牛纹盘被北京故宫博物院收藏。

1987年，当选龙泉县九届人大常委。

1988年，被破格评为高级工艺美术师。

1989年，任龙泉青瓷研究所所长兼书记。作品60厘米紫光盘一件，紫光瓶两件被中南海紫光阁收藏陈列至今；作品刻花梅瓶，与韩美林合作烧制的百寿盘系列获北京首届国际博览银奖。

1990年，赴澳门参加丽水地区名特产品展览会，签名作品首次售出每件两千元的高价，开始探索龙泉青瓷的名人效应之路。

1991年，作品“贯耳瓶”、“莲口碗”获北京第二届国际博览银奖。

1992年，组织青瓷研究所技术人员创作三十件青瓷作品，参加香港专场拍卖，获二十万元，善款全部捐赠“希望工程”。

1993年，作品“30厘米象形开片腾龙盘”被浙江省政府选为赠送邓小平的礼品。

1994年，联合中国美术学院部分教师创作作品150余件，赴新加坡举办龙泉青瓷精品展，誉满狮城。

1994年，享受国务院政府特殊津贴。

1995年，烧制专用礼品9寸象形开片盘50件，紫光盘50件。

1995年，联合国教科文组织、中国民间艺术家协会授予其“民间工艺美术家”称号。

1996年，被授予“浙江省工艺美术大师”称号。

1996年，创办正聪青瓷研究所。作品“36厘米藏龙盘”获中国民间艺术展金奖。

1998年，赴台湾地区举办个人作品展。作品鱼乐盘被台湾黄正雄收藏。

1999年，天然原矿原料配制梅子青釉经三年试验获得成功，带动龙泉青瓷界提升了青瓷质量。

2000年，玉壶春、琮式瓶等12件作品入选国家文物局、北京故宫博物院五大名窑真品暨仿品全国各大城市巡回展，被聘为专家委员会委员。

2001年，完成“龙泉青瓷釉发色稳定性研究”课题，获省科技进步二等奖。

2002年，与原轻工业部自动化仪表研究所所长李志清合作的“计算机控制烧制青瓷新工艺”研究成功，获丽水市科技进步二等奖。

2002年，“千峰翠”、“60厘米云龙盘”等13件作品（其中有三件为毛伟杰、蒋小红、毛一珍的作品）再次被中南海紫光阁收藏陈列。

2003年，被授予“中国陶瓷艺术大师”称号。

2003年，赴日本大阪市举办个人作品展，展品全部售完。

2003年，作品池海被中国工艺美术馆收藏，大珍珠梅瓶、大春瓶被北京人民大会堂收藏陈列。

2004年，牡丹盘被温家宝总理作为国礼赠送德国总理施罗德。

2004年，获“中国陶瓷名窑恢复与发展贡献奖”。

2004年，烧制专用礼品八寸紫光盘500件。

2005年，发行《中华文化名家——毛正聪》邮票十六枚，计2050份。

2005年，任浙江省第三届工艺美术大师评委会评委。被丽水学院聘为客座教授。贝多芬青瓷盘被中央音乐学院收藏。

2006年，被授予“中国工艺美术大师”称号。

2006年，任第八届全国陶瓷艺术设计与创新评比评委。作品仿官炉被浙江省博物馆收藏。

2007年，作品“官窑铁胎炉”被中国美术馆收藏。作品“仿官白菜瓶”、“仿官鬲炉”各一件被韩国康津郡博物馆收藏。

2007年，获“龙泉市人民政府龙泉青瓷终身艺术成就奖”。

2007年，被聘为浙江省青瓷行业协会艺术顾问。

2008年，世界艺术家联合会授予其“世界当代杰出陶瓷艺术家”称号，参加了在全国政协小礼堂举行的授证仪式。

[贰]龙泉青瓷烧制技艺传承基地

曾芹记古窑坊坐落于龙泉市上垟镇木岱口村，据曾氏宗谱记载，太祖呈进公，字徽士，乾隆辛丑年（1781年）八月初一出生于福建汀州古田，咸丰元年（1851年），呈进之子云根带着父亲的骨灰迁至浙江龙泉六都（木岱村），自筑两间梯式窑，从此以烧瓷为生。因为窑短，燃料成本高，成品率低，面临亏本。后得木岱口严家太祖相助，建造烧制产量大、质量高、成品率高、燃料成本较低的龙窑。从此，产品销路渐好，生意日渐兴隆，家室兴旺。

曾家烧窑历代传承人为，一代呈进，二代云根，三代瑞良，四代仁通，五代文芹（又名樟寿），六代焕明，七代世平（又名新安）。

曾文芹出生于民国3年（1914年），十六岁从艺，十七岁继父业独立经营窑业。民国23年（1934年）到木岱口买下这座龙窑（源底村徐家建于光绪年间）制瓷，取名“曾芹记古窑坊”，积攒下不少产业。

新中国成立后，怕家庭成分评高，不敢承认祖上置办的龙窑为曾家财产。1957年，地方国营龙泉瓷厂成立后，不准私人烧窑，曾文芹被招到瓷厂当工人。1958年，总厂成立仿古小组，由仿古艺人李怀德、李怀川、张高岳、张照坤、张高文和徒弟徐朝兴、周林鑫、蔡

林芝八人组成。1959年，曾文芹调入仿古小组（1962年，叶时金也调入），专搞釉料、胎土配方。由于对恢复龙泉青瓷的特殊贡献，与李怀德二人享受省轻工业厅特殊津贴。“文化大革命”期间，曾文芹与李怀德被打成“反动技术权威”，遭到批斗，停发工资，天天挑大粪浇菜，其他五位仿古艺人被下放。1983年，经省、地有关部门调查平反，1994年去世。

曾焕明出生于1935年，十二岁学烧窑，1953年到私人碗厂当烧窑师傅，后进入瓷器生产合作社，1956年改为五厂，1957年总厂成立后改为一分厂。1965年调到总厂烧了十一年窑，由于一分厂烧制质量不高，又调回一分厂烧窑，直到1986年退休。退休后，被私人碗厂请去当烧窑师傅，兼做其他技术工作，跑遍了八都、上垟、宝溪三乡镇的所有私人和人民公社办的瓷厂。1994年租窑创办私人瓷厂，1996年借钱购回祖上置办的龙窑，烧制日用瓷、仿古瓷、工艺瓷。曾焕明兄弟姐妹六个，只有他一人从事制瓷。

曾世平（又名新安）出生于1972年，1991年高中毕业后随父学艺。祖上龙窑购回后，又学习烧窑技术，现已全面掌握古代龙泉青瓷生产的流程和烧制技艺。妻子吴胜珍，1970年出生，高中毕业，1998年嫁到曾家后开始学制瓷，擅长堆塑和刻花。

曾芹记古窑坊总占地面积2900平方米（包括在岙后村新建的占地900平方米的水碓）。有清代平焰梯式（阶级）龙窑一座，长33

米，窑室内宽1.37米，高1.8米；二十二室，每室两边有相对的投柴孔两个，加上窑头一个，共四十五个；窑头投柴孔20厘米×20厘米，送风口高52厘米，宽11厘米，窑室投柴孔18厘米×18厘米。目前，每年烧六窑至八窑，每次烧三室至五室。龙窑每烧五十窑左右需大修一次，主要是窑顶拱背在长期高温下会塌陷，有些窑墙也要修补，若修补及时，一座龙窑可烧好几百年。另还有古代制瓷用的陶车、用于粉碎原料用的水碓、制瓷作坊等。烧窑结束后，需等三天三夜才能取出产品，这时，匣钵内最难降温的圈足处已降至50℃至60℃，若釉薄，可提前一天出窑。在这里，可以看到古时烧制龙泉青瓷的全套流程。

当今，国内外不再用龙窑烧制陶瓷，因此，曾芹记古窑坊每年都有韩国、日本、美国、英国、德国和港、澳、台地区的电视台和陶瓷专家前来拍摄或参观考察，购买龙窑烧制的龙泉青瓷。中央电视台一台、四台、九台、十台以及上海台、浙江台等都来此拍摄过龙窑烧制青瓷的过程。

当你到曾芹记古窑坊参观时，若能碰到烧龙窑，那是非常幸运的。即使未烧龙窑，也可请教龙窑烧制的产品与液化气窑烧制的有何不同，或许，你会更喜欢烈烈火焰中出来的带有“龙焰”味的青瓷。

龙泉

龙泉青瓷的研究

龙泉青瓷影响深远，自古至今，众多名人名家不仅多有论题龙泉青瓷，更有诸多历史文献论及龙泉青瓷的特色、烧制技艺及鉴赏等。

龙泉青瓷的研究

[壹]关于龙泉青瓷的古、近代文献

一、宋代庄绰（庄季裕）《鸡肋编》

处州龙泉县……又出青瓷器，谓之秘色，钱氏所贡，盖取于此。宣和中禁廷制样须索，益加工巧。

二、宋代叶寘《坦斋笔衡》

本朝以定州白瓷有芒，不堪用，遂命汝州造青窑器，故河北唐、邓、耀州悉有之，汝窑为魁。江南则处州龙泉县窑，质颇粗厚。政和间，京师自置窑烧造，名曰“官窑”。中兴渡江，有邵成章提举后苑，号“邵局”，袭故京遗制，置窑于修内司，造青器，名“内窑”；澄泥为范，极其精致，油色莹澈，为世所珍。后郊坛下别立新窑，比旧窑大不侔矣。余如乌泥窑、余杭窑、续窑，皆非官窑比。

三、宋代赵彦卫《云麓漫钞》

今处之龙溪出者色粉青，越乃艾色……近临安亦自烧之，殊胜二处。

四、《元史》卷七四

中统（1260—1263）以来，杂金、宋祭器而用之。至治初（1321年）始建新器于江浙行省，其旧器悉置几阁。

五、明代曹昭 《格古要论》

旧哥窑出……色青，浓淡不一，亦有紫口铁足，色好者类董窑，今亦少有。成群队者是元末新烧，土脉粗糙，色亦不好。董窑出……淡青色，细纹，多有紫口铁足，比官窑无红色，质粗而不细润，不逮官窑多矣，今亦少见。官窑器，宋修内司烧者，土脉细润，色青带粉红，浓淡不一，有蟹爪纹，紫口铁足，色好者与汝窑相类。有黑土者谓之乌泥窑，伪者皆龙泉所烧者，无纹路。

六、明代陆深 《春风堂随笔》

哥窑浅白断纹，号“百圾碎”。宋时有章生一、生二兄弟皆处州人，主龙泉之琉田窑。生二陶者青器，纯粹如美玉，为世所贵，即官窑之类，生一所陶者色淡，故名哥窑。

七、明代嘉靖四十年（1561年）《浙江通志》

相传旧有章生一、生二兄弟，二人未详何时人，至琉田窑造青器，精美冠绝当世，兄曰哥窑，弟曰生二窑。

八、明代郎瑛《七修类稿续稿》

哥窑与龙泉窑皆出处州龙泉县，南宋时有章生一、生二兄弟各主一窑，生一所陶者为哥窑，以兄故也。生二所陶者为龙泉，以地名也。其色皆青，浓淡不一。其足皆铁色，亦浓淡不一。旧闻紫足，今少见焉，唯土脉细薄，釉色纯粹者最贵。哥窑则多断纹，号“百圾碎”。龙泉窑至今温、处人称为“章窑”。闻国初先生章溢，乃其裔云。

九、明代陆容《菽园杂记》

青瓷，初出刘田，去县六十里，次则有金村窑，与刘田相去五里余，外则白雁、梧桐、安仁、安福、绿绕等处皆有之。然泥油精细，模范端巧，俱不如刘田。泥则取于窑之近地，其他处皆不及。油则取于诸山中，蓄木叶烧炼成灰，并白石末澄取细者，合而为油。大率取泥贵细，合油贵精。匠作先以钧运成器，或模范作形，俟泥乾则蘸油涂饰，用泥筒盛之，置诸窑内，端正排定，以柴筱日夜烧变，候火色红焰，无烟，即以泥封闭火门，火气绝而后启。凡绿豆色莹净无瑕者为上，生菜色者次之。然上等价高，皆转货他处，县官未尝见也。

十、清代蓝浦《景德镇陶录》

龙泉窑土细质厚，色甚葱翠，妙者与官窑争艳，但少纹片，紫骨铁足耳。

十一、清代寂园叟《陶雅》

哥窑有粉青一种，较弟窑为幽艳。

十二、民国徐渊若《哥窑与弟窑》

陈之案头而悦目，置之镜台而媚容。佐读有养气之功，对谈有化戾之祥。蕉窗昼永，祛暑何难；荷室香凝，祛寒不觉；展玩矜平躁息，终全忠鲠之操；侍坐而心和气舒，不失雍容之量。

十三、民国陈万里《龙泉仿古》

一片所谓黑胎骨的小壶盖，四周有破损，上有凸雕之象一，釉色茶青褐色，有细纹片，可是光彩很夺目，制作极细极精致。胎骨细薄而黑，与乌龟山官窑无异，确是一件最精美的标本，索价说是五百金。

[贰]关于龙泉青瓷的现代文献

一、《古陶瓷鉴真》

龙泉青瓷是青瓷工艺的历史高峰。我国烧造青瓷的历史十分久远，浙江地区烧造青瓷的历史遗迹可以追溯到春秋、战国，从原始青瓷到龙泉青瓷经历了将近两千年的岁月，传统之悠久罕有伦比，

历代烧制青瓷的匠师也都十分重视发挥青瓷的釉色与质地之美，晋人形容瓯窑青瓷为“缥瓷”，唐人称越窑釉质“如玉似冰”，釉色为“千峰翠色”、“秘色”。但是成就青瓷釉色与质地之美顶峰的则是宋代窑工创造的龙泉青瓷，它是巧夺天工的人工制造的美玉，宋代龙泉青瓷每一个碎片，至今仍令我们为它的美感所倾倒。

——冯先铭（中国古陶瓷研究会原会长，故宫博物院研究员）

二、《**龙泉窑青瓷**》

龙泉窑开创于三国西晋，结束于清代，生产瓷器的历史长达一千六百年，是中国制瓷历史最长的一个瓷窑。

那些云集在浙江的官僚贵族想用与皇宫相同的瓷器，所以先后在杭州凤凰山东坡老虎洞和龙泉大窑、溪口瓦窑垟设立官窑，生产与郊坛下南宋官窑类同的瓷器，供他们使用。与此同时，大窑的官窑根据南宋官窑的制瓷工艺，在胎釉配方中作调整，创造性地生产了白胎厚釉青瓷。这类青瓷釉色青翠，犹如翡翠美玉；同时釉层光滑整洁不开片，更加实用；深得宫廷和官僚的喜爱，在临安京城，皇宫遗址和绍兴市攒宫宋六陵墓地都有大量出土。说明宫廷在南宋后期除使用官窑瓷器外，还使用白胎厚釉青瓷，所以南宋后期在大窑和溪口瓦窑垟设官窑的可能性是很大的。

——朱伯谦（中国古陶瓷研究会原副会长、浙江省考古所研究员）

三、《南宋官窑与龙泉青瓷》

文献记载的哥窑实是龙泉哥窑，被冠以哥窑之名的宫中传世品，不是哥窑产品，这已为龙泉哥窑遗址的考古发掘所证实。

——李辉炳（故宫博物院研究员）

四、《龙泉窑瓷鉴定与鉴赏》

南宋龙泉窑烧造工艺上的成就，真正达到了炉火纯青的境界，它把釉的色泽、质地发挥到了极致，达到了美玉的效果。

南宋龙泉窑的厚釉产品，不管是这一时期特有的梅子青和粉青，还是制瓷工艺上的瑕疵，都达到了妙若天成的艺术境界。

南宋时期的官窑和同时期的龙泉窑的厚釉产品，不管从制瓷的工艺、烧瓷技术，还是一些器物的种类，都存在有相类同的地方，恐怕不是一个仿字可以简单说明的问题。

《龙泉窑考古的历程》

龙泉窑是中国瓷业发展史上最后形成，文化内涵庞杂而规模最为壮观的一个青瓷系统。它是大江南北两大窑区瓷业文化交流和融合的结果，也是宋代官窑和民窑两个不同层次文化既关联又相互激荡的典型，乃至可以视为中国历代青瓷工艺发展的历史集成与综合。

——任世龙（浙江省考古所研究员）

五、《龙泉地名志·序》

在全省，甚至全国，龙泉是个不同凡响的县份。一千多年以来，就是这个县份，以它品质优异的青瓷器，在世界各地为我们换回了巨额财富，赢得了莫大荣誉。而龙泉一名，也就因此而传遍天下。

——陈桥驿（浙江省地理学家）

六、《宋代龙泉窑有关问题探讨》

如果仅从质量上看，许多粉青、梅子青釉瓷和我们一直称为仿官的那类黑胎龙泉窑瓷器，无疑可以称为官窑的。它们与一般的民用青瓷相比，有很大的距离。没有严格的烧造要求，不可能制成如此精美无比的作品，尤其是那种葱翠欲滴的梅子青和堪与宋官窑瓷媲美的粉青瓷，它们代表了龙泉窑的最高烧造水平，也可以说代表了中国古代青瓷的最高烧造水平。

——陆明华（上海博物馆研究员）

七、《论元代龙泉青瓷的装饰技法与纹样》

元代龙泉窑是中国青瓷史上装饰成就最辉煌的窑场，这些装饰大大地增强了元代龙泉窑的生命力，使龙泉窑成为元代惟一可与江西景德镇窑抗衡的窑口。

——周丽丽（上海博物馆研究员）

八、《青瓷风韵》

汝窑乳浊釉制作技术输入南方所结果实最为丰硕的就是在烧瓷条件极为优越的龙泉，从此以后，龙泉窑便以粉青和梅子青釉瓷器闻名于世。

——李刚（浙江省博物馆副馆长、研究员）

九、《浅谈龙泉窑对东南亚青瓷的影响》

饮誉世界的龙泉窑青瓷是中国瓷器中的一颗宝石，其盛烧于海外贸易极频繁的元代，制作工艺随着瓷器的大量外销而传入中国诸邻国如越南与泰国。……龙泉窑成就之高，实为他国青瓷所难以望其项背。

——庄良有（菲律宾学者）

十、《东传日本的青瓷茶碗“马蝗绊”》

龙泉窑的青瓷在日中文化交流及日本文化的发展中起到了重要的历史作用，东传日本的青瓷茶碗“马蝗绊”以及关于这件茶碗的传说，雄辩地证明以龙泉青瓷为媒介，日中文化交流曾十分兴盛。

——今井敦（日本学者）

[叁]现代名人题记

一、乔石（原中共中央政治局常委、全国人大常委会委员长）

继承民族优秀传统，弘扬龙泉青瓷文化。

二、**李瑞环**（原中共中央政治局常委、全国政协主席）

2004年到龙泉，在天丰瓷厂为他制作的哥窑青瓷梅瓶上题词："修我长城振国魂，留得瑰宝壮河山。"

三、**李铁映**（原全国人大常委会副委员长）

青瓷贵玉。

四、连战（中国国民党原主席）

2005年4月题"中华文化，光跃千秋"八字，中台办将题词原件电传龙泉朝兴青瓷苑，由中国工艺美术大师徐朝兴按题词手迹特制30厘米高的哥窑、弟窑笔筒各一只赠送连战先生。

五、金庸（著名武侠小说作家）

凝翡翠兮聚碧玉，得古铜兮铸宝剑。

中华古文化，龙泉得其二。瓷剑兼文武，龙泉皆有之。

六、铁瑛（原浙江省委书记）

哥弟窑齐辉，改革与科技创新。

七、张俊生（原新华社香港分社副社长）

自然天成，华滋丰润。

八、毛昭晰（著名历史学家，浙江大学博士生导师，曾任全国人大常委）

发扬龙泉青瓷优秀文化传统，为我中华民族争光。

九、翟翕武（原浙江省轻工业厅厅长、副省长）

雨过天青云破处，梅子流酸泛青时；

温润纯朴色形备，古光今彩话龙瓷。

十、杨泰芳（原邮电部部长）

1998年2月为龙泉青瓷邮票纪念册题词："发行龙泉青瓷邮票，再现优秀历史文明。"

龙泉

龙泉青瓷烧制技艺的保护与发展

龙泉青瓷烧制技艺在新时期制瓷工业的发展中，也面临不少问题。多位龙泉青瓷烧制技艺传承人、政府及社会各界对龙泉青瓷烧制技艺的传承与创新作出了极大的努力。

龙泉青瓷烧制技艺的保护与发展

[壹]龙泉青瓷技艺的问题与对策

一、龙窑烧成技术的传承

1. 问题。 龙泉民国时期有二十余座龙窑在烧，20世纪末还有六座龙窑在烧。目前，仅剩曾芹记古窑坊一座龙窑在烧。龙窑烧青瓷虽然有少量的精品和绝品出现，但总体质量不如液化气窑，且成本很高，若烧制的产品没有市场，有停烧的可能。

2. 对策。 曾芹记古窑坊已被确定为浙江省非物质文化遗产传承基地，拨专款恢复了水碓，这是一项有效的保护措施。上垟镇离龙泉城36公里，到上垟旅游参观的人少，旅游收入几乎没有。目前，曾家的收入主要靠液化气窑烧制的产品。龙窑烧制的高仿青瓷有极少数可卖到数千元一件，有微薄利润，故每年能烧五窑至六窑。因此，应设立龙窑烧成专项补助资金，每烧一窑补助人工及柴火费一千元。

在即将动工兴建的占地六百余亩的青瓷文化园内的古代工艺展示区将建一座15米长的龙窑，每个月发动城区的厂家合烧一窑，通过推销龙窑产品和观看烧龙窑的门票收入，可长期维持龙窑的烧成，以传承龙窑的烧成技术。

二、古、今釉配方及制釉方法的传承

1. 问题。 古代加入植物灰的釉配方已基本摒弃不用，绝大部分厂家所用之釉都为石灰釉而不是石灰碱釉，高温下流动性大，易造成流釉使口沿露白。随着产业化进程加快，古老的制釉方法也将摒弃，以球磨机代替水碓。球磨原料和舂出原料微颗料形状不同，前者制成的釉效果较差一些。

龙泉虽有好几个厂家及仿古艺人配制的釉发色与质地俱佳，可与宋釉媲美，但配釉技术相互严格保密，可能随着时间的推移由于各种原因导致失传。

2. 对策。 古代灰釉配方及制釉方法由非物质文化遗产传承基地承担，一年至少烧一窑室蘸过植物灰釉的青瓷，建立各种植物灰釉配方档案和各种灰釉青瓷陈列室，政府每年也给予一定的经费补助。当代制釉的优秀配方，可组织评选，确定龙泉青瓷优质釉代表性传承人，传承人要担负的任务是建立家庭配釉档案，一旦不能传承，动员其贡献给国家保存。

三、优质瓷土资源的有效利用

1. 问题。 龙泉及周边地区瓷土资源丰富，胎料几百年也用不完，但优质的紫金土资源稀缺。目前不管艺术瓷还是日用瓷、包装瓷都选用上好的紫金土，外县市及外省的青瓷厂家所用的原料全都来自龙泉，不用多长时间，优质紫金土资源将消耗殆尽。

2. 对策。 组织资源普查，对大窑、金村、溪口、宝溪等地的优质紫金土，政府要加强管理，提高优质瓷土的矿藏资源税，提高售价，利用价格杠杆抑制低档瓷占用优质资源，把有限的优质资源用于附加值高的高档瓷生产。

四、古窑址保护

1. 问题。 龙泉境内有古窑址366处，在近段时间开展的全国性文物普查中，又发现了十数处窑址，总数达384处。由于建高速公路、电站、开垦农田，有的已消失，有的成为水下遗址。全国重点文物保护单位——大窑，窑址与当地村民的居住区、生产区混杂在一起，很难实现有效的保护。

2. 对策。

（1）加大宣传力度，使窑址保护的作用与意义家喻户晓；

（2）实行市、乡、村联保制，制定责任目标，签订责任状，列入年终考核；

（3）为完善大窑的保护，要尽快迁出岙底的农户，征用岙底的农田，以开发旅游来完善各项保护措施；

（4）建立金村、溪口文保所，加大巡防和执法力度，严厉打击破坏窑址的违法活动；

（5）尽早发掘溪口瓦窑垟、大窑叶户底、金村大窑犇等重要窑址，揭示龙泉窑发展的脉络，推动对龙泉窑的研究。

[贰]龙泉青瓷的保护与发展

发展是最好的保护与传承。自1957年周恩来为挽救中华瑰宝，向有关部门作出“要恢复祖国历史名窑生产，首先要恢复龙泉窑和汝窑”的指示以来，龙泉青瓷经五十余年的恢复和发展，许多方面达到甚至超过了宋代，是明、清以来的顶峰期，取得了瞩目的成就，成为龙泉乃至国家的金名片。遗憾的是，作为一种产业，始终未能做大，产值小，不如古代的宋元时期，也未能达到国营厂时的鼎盛期。纳税少，对财政贡献率低，没有成为龙泉经济社会发展的支柱产业。

借鉴潮州、醴陵、德化等先进陶瓷产区的经验，结合龙泉自身的特点，发展龙泉青瓷的工作思路为：以文化立瓷、科教强瓷、产品兴瓷，打造基地和政策两个平台，在做精艺术瓷的同时，大力发展日用、包装、工业用瓷，把龙泉青瓷培育成经济社会发展的支柱产业。

一、文化立瓷

21世纪是全球竞争时代，其实质是文化较量的时代。党的十七大报告中，明确提出了要实现社会主义文化的大发展与大繁荣的要求，各地在贯彻落实十七大报告精神过程中，纷纷提出了建文化大省、文化大市、文化大县的目标，这给龙泉带来了千载难逢的机遇。

龙泉青瓷不仅是龙泉的拳头文化，也是全省、全国乃至全人类的文化，绝不能让这工艺美术百花园中的奇葩在我们手中枯萎，而是要使这朵奇葩开放得更加艳丽，把这张国家级金名片打造得闪闪发光。尤其是龙泉青瓷的产业发展尚处于原始或初级阶段，更需要强大的文化支撑，以托起辉煌的明天。

1. 精心打造青瓷文化创意基地——龙泉青瓷文化园。 建设龙泉青瓷文化园，是龙泉文化建设的大手笔，功德无量。建得好，必将流芳千古；建得不好，将造成永久的遗憾，甚至遭世人唾骂。将青瓷文化园建设得上档次、有品位、具内涵，是一件很不容易的事。大的

夏侯文大师

哥窑斗笠碗(张绍斌作)

问天(张绍斌作)

哥窑茶具(张绍斌作)

方面如布局、规模、建筑式样与风格需慎重考虑，小的方面更要注意，建设精品文化园要从一砖、一瓦、一石、一草、一木做起。要有把青瓷文化园建设成世界一流的陶瓷文化景点的目标定位。

2. 加大宣传力度，在做足做透名窑名瓷文化上狠下工夫。一是继续到全国各大城市甚至走出国门办展销会，每届政府至少举办两次。每年都要有剑瓷文化活动。在龙泉青瓷低迷期时，通过杭州、上海、北京三次大型展销会，犹如给龙泉青瓷注入了三针强心剂，才有今天的复兴局面。二是设立青瓷文化创作奖励基金，鼓励出书写文章。对高质量的有影响的论著、论文给予重奖，在省级以上报纸杂志发表的文章基金会再给予相同稿酬的奖励。三是举办高峰论坛、国际研讨会，论坛和研讨会上要有龙泉学派的观点。四是创造条件，将龙泉青瓷烧制技艺向联合国教科文组织申报人类非物质文化遗产代表作，申遗若能成功，其意义非凡。

“连年有余”盘（夏侯文作）

3. 注重培养大师，使国家级、省级大师能永续不断。 在青瓷文化大厦中，大师是镇宅之宝。经济社会的发展非常需要有能把青瓷产业做大的企业家，而文化的发展则需要有像徐朝兴、毛正聪、夏侯文、张绍斌这样的国家级大师，前者是青瓷金字塔的基石，大师们则是站在塔尖上高举青瓷文化大旗的旗手，他们能将一个时代

红色诱惑（夏侯文作）

的精神和文化以作品的形式沉淀与凸显，与世长存。

4. 切实加强博物馆建设。 新博物馆建成后，将对博物馆工作提出更高的标准和要求。要把博物馆办成宣传青瓷文化的主阵地、龙泉青瓷的学术研究中心。因此，要增加博物馆的工作经费和收藏经费；要严把进人关，若有缺编，首先考虑选择考古、历史、中文专业毕业的研究生或本科生。此外，要鼓励扶持创办一批私人博物馆，以弥补公立博物馆藏品方面的不足，以公立博物馆为主，私人博物馆和大师陈列馆为辅，呈现龙泉博物馆事业的繁荣景象。

二、科教强瓷

龙泉青瓷处于产业发展的原始或初级阶段的标志之一是没有标准、稳定的胎料、釉料供应基地，不可能实现大规模的工业化生产；标志之二是窑炉落后，几乎全部是燃气梭式窑，燃料成本比隧道窑高30%至40%；标志之三是停留在家庭作坊式生产阶段，规模企业少；标志之四是从业人员学历低，绝大部分是小学、初中水平；标志之五是营销力量薄弱，专门从事青瓷营销的不足二十人。因此，要把科教强瓷提到议事日程上来。

（1）在一至两年内建立标准原料基地，为大规模工业生产奠定基础。

（2）实施窑炉改造，降低成本，提高产品在市场上的竞争力。

(3) 引进先进设备和技术，如德国生产线、等静压成型工艺、高压吸铁技术等，提高产品的质量和产量。聘请一流的人才，生产高质量陶瓷，在高起点、高层次上参与市场竞争，这是龙泉陶瓷业今后发展的方向。

(4) 建立陶瓷化验室。在中等职业学校建立标准的陶瓷化验室，对龙泉及周边县的瓷土资源进行普查及成分测定，建立瓷土标本库和数据库。

(5) 增加技改投入，保证技改资金的使用效益。技改资金不能天女散花，要重点扶持。首先扶持窑炉改造，其次是建立标准原料基地，再次是引进先进技术设备。

(6) 注重人才培养。景德镇有陶瓷专业的学院、专科学校、高职院和中专各一所，每年毕业生有数千名；德化有陶瓷高职院和中等职业学校各一所，每年毕业生近千名。而龙泉中等职业学校2007年陶瓷专业毕业生仅17名，秋季实行免费招生，陶瓷专业只有36名，另美术兼陶瓷62名。许多厂家为招不到熟练工人而发愁，人才已成为制约今后青瓷业发展的瓶颈。要把中等职业学校办成浙闽赣交界职业教育的航空母舰，为龙泉陶瓷业的大发展提供人力资源保障。还要舍得花钱，引进人才，借智生财。

(7) 成立科技攻关小组，克服当今青瓷业界最头疼的青瓷釉面出现“针眼”的问题，提高产品质量。

三、产品兴瓷

产品的选择与定位是产业能否做大、做强的关键，要坚持科学发展观和可持续发展理念，注重资源和环境保护，走发展中高档产品之路。不能以优良有限的瓷土资源做最低端的附加值低的产品，不能以牺牲环境为代价发展陶瓷产业。坚持两条腿走路，以青瓷宝剑苑、大师园为艺术瓷生产基地，发展艺术瓷、培育各级大师；建立陶瓷工业园，生产包装瓷、日用瓷及其他电力、建筑、化工用瓷，培育大企业；以大陶瓷思想为指导，发展各类陶瓷，使陶瓷业真正成为龙泉市经济社会发展的支柱产业。

1. 以精品艺术瓷为本。 艺术瓷附加值高，在人民生活水平不断提高的情况下，有广阔的市场，同时，也是巩固恢复成果，传承烧制技艺，发展青瓷文化的内在要求。今后龙泉瓷业无论做到多大，青瓷还是龙泉瓷业的根和本。

2. 建立国内最大的包装瓷生产基地。 据统计，全国每年有25万吨黄、白高档酒采用陶瓷瓶包装，另还有中低档酒、糟菜、滋补品用陶瓷瓶、罐包装。由于许多黄、白酒厂家认识到用青瓷包装的优越性，故近几年龙泉包装瓷生产的量不断攀升。由于生产能力不足，许多订单不能接收，若扩大规模，产值在两三年内可迅速放大五至十倍，达到三至五个亿。再通过窑炉改造降低成本，市场竞争力大为增强，占领10亿元的市场份额是完全可能的。

3. 建立中高档日用瓷生产基地。 在国外，常可见到景德镇、潮州、醴陵、德化的日用瓷，唯独见不到龙泉青瓷。在国内，也只有几个大城市有龙泉青瓷。日用瓷前景广阔，亟待开发。2006年广交会上，龙泉青瓷餐具备受欢迎，利润可达200%，但没有一个厂家敢接外商的批量订单。在日用瓷艺术化的趋势下，研发新产品显得愈加重要。龙泉青瓷研发力量薄弱，尽快推出一批有市场竞争力的产品迫在眉睫。首先要挖掘古龙泉窑的精髓，古为今用。古龙泉窑的精髓，北宋是大写意刻划花和青碧釉；南宋弟窑型青瓷是造型与粉青、梅子青厚釉，哥窑青瓷是造型艺术、精湛技艺与薄胎厚釉完美的结合，是青瓷烧制史上的顶峰；元代龙泉窑是装饰技法与豆青釉。开发出系列制作精细的仿古、古今结合的日用瓷，符合当今人们怀旧、回归自然的心态，必将有强烈的市场反应，可弥补设计力量薄弱的缺陷。

4. 树立大陶瓷思想，生产各类用瓷。 陶瓷由于其高硬度、耐腐蚀、绝缘等特性，使其在化工、电力、建筑乃至高科技等领域得到广泛应用。随着金属矿藏日益减少，特种陶瓷将得到更广泛的应用，前景十分广阔。要跳出青瓷做陶瓷。艺术瓷、日用瓷、包装瓷都要充分吸收外窑系技术。景德镇在明清时期崛起的主要原因就是在官窑的带动下，充分借鉴、吸收外窑系技术，能生产全国各历史名窑的瓷器，成为当时的世界瓷都。要千方百计与大专院校、科研单位联系合作，生产附加值高的高科技陶瓷。

四、打造政策和基地两个平台，促进陶瓷业发展

1. 创办陶瓷工业园区。 陶瓷做得好，亩产值可达200万元。以长远的眼光去规划，若把龙泉市陶瓷发展定位在40亿元的产值，就要创办两千亩的陶瓷工业园区。根据国内其他陶瓷产区的经验，单独建立陶瓷工业园有许多优点，主要是污染易治理，成本低。为培养新生力量，还要有孵化区，形成陶瓷企业发展的三个阶段，即：家庭简易作坊（孕育期）→规模企业孵化区→规模企业工业园区。

2. 制定政策，鼓励发展。 政策有两方面：一是税负政策，如新生代在简易作坊生产时的税收低，进入工业园区后承受不了5万元/亩的税负和4000元/亩的土地使用费。进入工业园区的规模企业由于投资巨大，也可考虑减免一定的税费。二是土地出让费的优惠政策。

发展龙泉青瓷，要坚持两条腿走路，既要发挥灿烂的青瓷文化在实现中华民族伟大复兴过程中的作用，又要把青瓷业培育成龙泉市经济社会发展的支柱产业。历史赋予重任，龙泉青瓷发展需进行二次创业，开始新的长征。

后记

数月来，闭户谢客，日以继夜，战战兢兢如十月怀胎，终于完成了撰写任务，但愿不是个畸形儿。

解读龙泉窑这千古名窑并非易事，要挖掘其精髓，还其历史原貌更非一日、一年甚至数十年之功所能完成。就烧制技艺而言，龙泉窑烧造各期的釉配方已湮没在历史的长河中，无从知晓，除非有奇迹出现；窑具，在漫山遍野的窑址堆积层上随处可见，但对各烧造期所使用的窑具和支烧方式，认识还十分有限。十几年来，笔者收藏了一大批各种器形、纹饰和釉色的瓷片标本，却不敢随意断定某种器形、纹饰、釉色在龙泉窑有还是没有。

龙泉窑的发展脉络，越探究得细，越觉得呈网状交叉。前期受越窑、瓯窑、婺州窑的影响自不必说，北方定窑的影响也不能排除；北宋晚期到南宋前期，汝官窑乳浊釉技术的输入，导致产生了粉青、梅子青厚釉；元朝的草原游牧文化和伊斯兰文化，势必影响元明时期限龙泉窑的风格；历史上，与耀州窑、湖田窑也可能有过技术上的交流。但若认真梳理这个文化内涵极为庞杂的瓷窑系统，又会发现两条凸显的脉络，一条是宫廷文化主导推动了龙泉窑的发展，另一条是民间文化的激流涌动所表现出来的生机与活力。正是这两条主脉络的相互交织、激荡，把青瓷烧制技艺推向了历史的巅峰。

因此，寥寥数万字难以全面描述龙泉窑的烧制技艺，再加上笔者水平有限，只能是抛砖引玉。

本书撰写过程中，得到了浙江省青瓷行业协会的大力支持；龙泉青瓷业界的大师、老艺人们倾囊相授不传之秘；浙江省文化厅组织都一兵等有关专家认真论证，提出了宝贵意见；尤其是龙泉市文化广电新闻出版局黄国勇、周晓峰先生自始至终关心本书出版的全过程，龙泉市文联季金强先生为本书提供和拍摄了图片。在此，谨向上述各位及部门致以深切而诚挚的敬意和谢意！

林志明

出 版 人　蒋　恒
项目统筹　邹　亮
责任编辑　刘　波
装帧设计　任惠安
责任校对　钱锦生

装帧顾问　张　望

图书在版编目（C I P）数据

龙泉青瓷烧制技艺/林志明编著.－杭州：浙江摄影出版社，2009.9（2023.1重印）
（浙江省非物质文化遗产代表作丛书/杨建新主编）
ISBN 978－7－80686－784－6

Ⅰ.龙…　Ⅱ.林…　Ⅲ.龙泉窑－瓷器－生产工艺　Ⅳ.TQ174.72

中国版本图书馆CIP数据核字（2009）第073407号

龙泉青瓷烧制技艺

林志明 编著

出版发行 浙江摄影出版社
地址 杭州市体育场路347号
邮编 310006
网址 www.photo.zjcb.com
电话 0571－85170300－61010
传真 0571－85159574
经　销 全国新华书店
制　版 浙江新华图文制作有限公司
印　刷 廊坊市印艺阁数字科技有限公司
开　本 960mm×1270mm　1/32
印　张 6.75
2009年9月第1版　2023年1月第2次印刷
ISBN 978－7－80686－784－6
定　价 54.00元